J. Classen

Zwölf Vorlesungen über die Natur des Lichtes

bremen
university
press

J. Classen

Zwölf Vorlesungen über die Natur des Lichtes

ISBN/EAN: 9783955621629

Auflage: 1

Erscheinungsjahr: 2013

Erscheinungsort: Bremen, Deutschland

bremen
university
press

Zwölf Vorlesungen

Über die Natur des Lichtes

von

Dr. J. Classen

Professor am physikalischen Staatslaboratorium
zu Hamburg

Mit 61 Figuren

Leipzig

G. J. Göschen'sche Verlagshandlung

1905

Dem unermüdlichen Förderer

des Hamburgischen Vorlesungswesens

Herrn

Senator Dr. v. Melle

gewidmet.

Vorwort.

Unter den Vorlesungen, die alljährlich im Auftrage der Oberschulbehörde in Hamburg vor einem gebildeten Laienpublikum gehalten werden, hatte ich im Winter 1904/05 angekündigt, über: „Die Lehre vom Licht, insbesondere die Verwandtschaft zwischen optischen und elektrischen Erscheinungen" zu lesen. Schon bei den Vorbereitungen zu diesen Vorlesungen und besonders beim weiteren Aufbau der Vorlesung selbst, kam ich immer mehr dazu, als Hauptthema in den Mittelpunkt der ganzen Vorlesung unsere jetzige Auffassung von der Natur des Lichtes zu stellen, und ich habe daher den Versuch gemacht, in allgemeinverständlicher Weise an der Hand einer Reihe von Experimenten die Begründung der Wellentheorie des Lichtes und ihre Weiterentwickelung zur Auffassung der Lichtwellen als elektrischer Erscheinungen, also die Begründung dessen, was wir heute die elektromagnetische Lichttheorie nennen, darzustellen. Da ein derartiger Versuch bisher noch wenig gemacht sein dürfte, meines Wissens wenigstens noch nirgends veröffentlicht ist, so entschloß ich mich, diese Vorlesungen nun auch der Öffentlichkeit zu übergeben. Dazu war allerdings noch manche Vereinfachung und Zusammenfassung erforderlich, da das geschriebene Wort eine noch sorgfältigere Auswahl und Beschränkung erfordert als der freie Vortrag an der Hand zahlreicher Experimente. So entstand dieser Band von zwölf Vorlesungen, die nun den wesentlichen Inhalt meiner Wintervorlesung wiedergeben, jedoch neben verschiedenen Kürzungen und Zusammenfassungen auch bereits einige Weiterentwickelungen und Vereinfachungen der Experimente selbst enthalten. Während für die Vorlesung manche Apparatenzusammenstellung aus den reichen Hilfsmitteln des physikalischen Staatslaboratoriums improvisiert werden konnte, war mir für eine Veröffentlichung wünschenswert, daß alle Versuche auch unter den zu ihrem Gelingen günstigsten Bedingungen zur Darstellung kamen. Ich habe daraufhin alle Versuche noch einmal durchgeprüft und noch einige neue Apparate in der Werkstelle des Laboratoriums herstellen lassen, hauptsächlich um überall mit möglichst einfachen Mitteln und möglichst durchsichtiger Versuchsanordnung auszukommen. Erst die so gefundenen Ausführungsweisen der Experimente sind in diese Darstellung aufgenommen.

So übergebe ich denn diese Vorlesungen der Öffentlichkeit mit dem Wunsche, daß sie in den Kreisen der Gebildeten, die Freude daran haben, einen

Blick in die Werkstatt der physikalischen Wissenschaft zu tun, freundliche Aufnahme finden möge. Sollte es mir zugleich gelungen sein, einzelnen meiner Fachkollegen und Lehrern an höheren Schulen durch die Darstellung der zum Teil neuen Reihen von Vorlesungsversuchen einen Dienst erweisen zu können, so würde ich auch das als einen Gewinn betrachten.

Hamburg, April 1905.

Physikalisches Staatslaboratorium.

Prof. Classen.

Inhalt.

Erste Vorlesung.

Ich habe den folgenden Vorlesungen den gemeinsamen Titel: „Über die Natur des Lichtes" gegeben, um dadurch zum Ausdruck zu bringen, daß ich besonders auf den Kreis von Vorstellungen einzugehen gedenke, den die Wissenschaft in bezug auf unsere Kenntnis vom Wesen der optischen Erscheinungen in den letzten Jahrzehnten hervorgebracht hat. Da nun als ein wesentliches Ergebnis dieser neuesten Forschungen eine innige Verwandtschaft zwischen den optischen und gewissen elektrischen Erscheinungen hervorgetreten ist, so gliedert sich dadurch meine Aufgabe in drei verschiedene Teile. Ich werde mich zunächst bemühen, Sie an der Hand einer Reihe von einfachen Versuchen mit denjenigen Erscheinungen vertraut zu machen, welche uns gestatten, auf bestimmte, grundlegende Gesetzmäßigkeiten im Vorgange der Lichtausbreitung sichere Schlüsse zu ziehen; es sind dies diejenigen Experimente, welche zur Begründung der sogenannten Wellentheorie des Lichtes führen. In einem zweiten Teile werden wir uns dann umsehen nach anderen Vorgängen in der Natur, die mit dem Lichte das Charakteristische des Periodischen gemeinsam haben, und wir werden in einer gewissen Gruppe elektrischer Erscheinungen ein Gebiet kennen lernen, in welchem sich ein großer Teil der uns aus der Ausbreitung des Lichtes bekannten Gesetzmäßigkeiten künstlich nachbilden läßt. Wenn auch die aufgefundene Ähnlichkeit nur vergleichbar ist mit derjenigen zwischen der Cheopspyramide und den zierlichsten Eiskristallen, so wird sich uns doch die Frage aufdrängen: wie weit kann wohl die Ausbreitung des Lichtes ein mit jenen elektrischen Erscheinungen identischer Vorgang sein? Dementsprechend werden wir in dem dritten und letzten Teile die optischen und elektrischen Erscheinungen gegeneinander halten und die Konsequenzen verfolgen, die sich aus der Annahme ergeben würden, daß diese beiden, scheinbar so gänzlich verschiedenen Gebiete ganz dem gleichen System von Kräften in der Natur ihren Ursprung verdanken. Hierbei werden wir wiederholt Gelegenheit haben, uns darüber Rechenschaft zu geben, was die wissenschaftliche Forschung uns als sichere Tatsachen der Erfahrung offenbart hat und wo das Gebiet beginnt, wo die menschliche Phantasie durch ihre eigenen Gedankengebilde das große Reich des Unbekannten belebt und mit ihren Bildern ausschmückt.

Die einfachste und daher auch schon am längsten bekannte Erscheinung, die für die Beurteilung der Natur des Lichtes wesentlich ist, ist die bereits von den alten Griechen gemachte Beobachtung, daß das

Licht sich stets in geraden Strahlen ausbreitet. Es scheint nun ein der Natur des menschlichen Geistes tief eingewurzeltes Bedürfnis zu sein, sowie er eine Beobachtung macht, die durch die regelmäßige Wiederkehr des Geschehenen auf eine außer uns geltende Gesetzmäßigkeit hinzudeuten scheint, sofort zu fragen nach dem „Warum" und nicht eher zu ruhen, als bis wir in irgend einer Form eine Antwort uns selbst geben können. Nur der dem Naturzustande noch nicht entwachsene Wilde begnügt sich mit dem Gedanken, daß es außer ihm noch denkende und handelnde Wesen von seiner Art gibt, die eben das regelmäßig und nach ihren Absichten ausführen, von dem er weiß, daß er selbst es nicht tut und auch nicht beeinflussen kann. So bevölkert er denn die Natur um sich herum mit seinen Göttern und sucht sich mit diesen in ein Verkehrsverhältnis zu setzen, so daß für ihn der möglichst beste Vorteil daraus entspringt. Sobald jedoch einmal der Mensch seine Gedanken über den engsten Gesichtskreis der nächsten Lebensbedürfnisse erhoben hat, so genügt ihm dieses Übertragen alles dessen, was er nicht versteht, auf andere, die hinter dem Unbekannten stehen sollen, nicht mehr, er fängt an, neue und unbekannte Erscheinungen auf näherliegende und darum ihm vertrautere zurückzuführen. So finden wir denn bei den alten Griechen den Gedanken, daß die Lichtstrahlen verglichen werden müssen mit feinen Fühlorganen, die der Mensch aus seinem Auge aussendet, um die fernen Gegenstände zu betasten. Jahrhunderte lang ist die Menschheit über diese primitivste Vorstellungsweise nicht hinausgekommen, und noch Deskartes macht am Ende des 16. Jahrhunderts den Vergleich zwischen der Ausbreitung des Lichtes und dem Stoß durch eine feste Stange. Da zu seiner Zeit noch keine Möglichkeit gegeben war, zu der Vorstellung zu gelangen, daß das Licht eine gewisse, wenn auch sehr kleine Zeit braucht, um von dem fernen Gegenstande bis zu unserem Auge zu gelangen, so stellt Deskartes das Sehen in Parallele mit dem Herumtasten im Dunkeln, wenn wir die fernen Gegenstände mit einer langen Stange berühren. So wie wir das Anstoßen der Stange an den fremden Körper im gleichen Augenblick mit der Berührung fühlen, so, meint er, empfindet unser Auge momentan den Stoß der dasselbe treffenden Lichtstrahlen, die die Verbindung zwischen den äußeren Gegenständen und dem Auge herstellen. Wenn nun auch seit dieser Zeit zu jener ersten Beobachtung der geradlinigen Ausbreitung des Lichtes eine große Zahl neuer Beobachtungen getreten ist, die ebensoviel neue Fragen nach dem „Warum" vorlegen, und für die ebensoviel Antworten teils möglich, teils auch wirklich erteilt und mit Lebhaftigkeit verfochten sind, so steht doch auch heute noch die Tatsache der Existenz gerader Lichtstrahlen so sehr im Vordergrund aller Erscheinungen, daß sie auch für uns zum Ausgangspunkt unserer Überlegungen dienen soll.

Es dürfte kaum nötig sein, daß wir uns noch einmal von der Richtigkeit dieser ältesten Beobachtung überzeugen; jeder von uns hat die geraden Strahlen schon einmal gesehen, die ihre Spur im Staube der Luft selbst abzeichnen, wenn die Sonne in unsere Zimmer scheint, auch kennen wir alle die Strahlenbündel, die ein Scheinwerfer von irgend einem Leuchtturm oder Ausstellungsgebäude weithin im Nebel oder im Dunstkreis der Großstadt aussendet. Dieselbe Art Strahlenbildung können wir auch hier sehen, wenn ich aus dem Lichte dieser meiner elektrischen Lampe ein schmales Bündel herausblende. Der reichliche Staub in der Luft dieses Saales genügt beim Auslöschen aller anderen Beleuchtung völlig, um Ihnen den Weg des Strahles durch den ganzen Saal hin zu zeigen.

Noch ein anderes Mittel gibt es, um noch schärfer die geradlinige Ausbreitung des Lichtes zu offenbaren. Ich entferne die kleine Blende vor meiner Lampe und stelle einen Stanniolschirm in geringer Entfernung davor, und in einigen Metern weiter davon eine große weiße Fläche (Fig. 1). Noch verhindert der Stanniolschirm, daß die weiße Fläche Licht von der Lampe empfängt; durchsteche ich jetzt jedoch das Stanniol mit einer Nadel, so sehe ich auf einmal zwei Lichtflecke, einen großen und einen kleineren darüber, auf dem weißen Schirm; jeder neue Stich, den ich mit der Nadel in das Stanniol führe, erzeugt ein neues dem ersten ganz gleiches Paar von Lichtflecken. Wir

brauchen nur einen Blick in unsere Lampe zu tun,
um eine Erklärung für diese auffallende Erscheinung
zu finden. Ich verwende als Lichtquelle eine elektrische
Bogenlampe, und in dieser strahlt das Licht von zwei
Stellen aus. Zwei Kohlenspitzen stehen einander gegenüber und werden durch den elektrischen Strom zu
heller Weißglut gebracht. Die obere glüht stärker

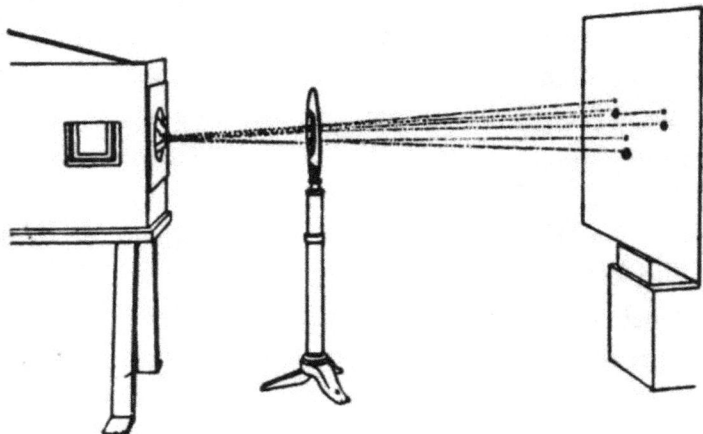

Fig. 1.

besonders an der breiten Endfläche, während die untere
nur an der kleinen ziemlich scharfen Spitze hell glüht.
Auf dem weißen Schirm dagegen steht der große
Lichtfleck unten und darüber der kleine; genau das
Gleiche ist aber zu erwarten, wenn das Licht der
oberen Kohle geradlinig durch die kleine Öffnung
scheint und eine Stelle des weißen Schirms beleuchtet,
und ebenso die untere. In der Öffnung selbst müssen

sich die Lichtstrahlen kreuzen, und daher erscheint auf dem Schirm das Oben und Unten gegenüber der Lichtquelle vertauscht. Jedes Paar von Lichtflecken gibt uns also geradezu ein Bild der Lichtquelle, und wenn wir etwas genauer hinsehen, so können wir wirklich in der besonderen Form beider Flecken die wahre Gestalt der Kohlenspitzen wiedererkennen. Würden wir die Zahl der Löcher im Stanniolschirm immer mehr vergrößern, so daß sie schließlich in eine einzige große Öffnung zusammenfließen, so würden auch unsere Lichtflecken, die Bilder der Kohlenspitzen, in eine helle Fläche verschmelzen, die dann begrenzt ist vom Schatten des Randes der Öffnung.

Noch eine Beobachtung können wir an diesem einfachen Versuch machen. Schiebe ich nämlich den Stanniolschirm mit den Löchern an eine andere Stelle, so erhalte ich immer noch auf dem weißen Schirme die Bilder der Kohlenspitzen, aber dieselben haben eine andere Größe. Sie sind kleiner geworden, wenn der Stanniolschirm von der Lampe entfernt wurde, größer, wenn er ihr genähert wurde; und es zeigt sich eine sehr einfache geometrische Beziehung zwischen der Größe der Bilder und derjenigen der Lichtquelle. Steht der Stanniolschirm in der Mitte zwischen Lampe und Schirm, so sind Bild und Lichtquelle gleich groß; sind die Entfernungen verschieden, so stehen Bildgröße und Größe der Kohlenspitzen stets in dem gleichen Verhältnis, wie die Abstände des Stanniolschirms von der weißen Fläche und der Lampe. Jeder, der sich die elementarsten Vorstellungen der Geometrie zu eigen gemacht hat, übersieht sofort, daß auch hierin eine genaue Bestätigung der geradlinigen Ausbreitung der Lichtstrahlen zu erblicken ist.

Noch schärfer gelangen wir immer wieder zu demselben Ergebnis, wenn wir einen einfachen rings geschlossenen Holzkasten, etwa eine Zigarrenkiste, nehmen, in die Mitte der einen Wand ein Loch bohren und die gegenüberliegende Wand durch ein durchscheinendes Papier ersetzen. Richten Sie einen solchen Kasten auf einen hellen Gegenstand, z. B. auf die Lampen, die hier zur Beleuchtung dieses Saales dienen, so werden Sie auf dem Papier ein deutliches Bild der Lampen erblicken. Ersetzen Sie das Papier durch eine photographische Platte und lassen den Kasten eine längere Zeit unverändert stehen, so werden Sie beim Entwickeln der Platte ein genaues Bild aller Gegenstände vorfinden, die vor dem Kasten sich befunden haben. Sie haben den einfachsten photographischen Apparat, den man sich konstruieren kann, und dieser Apparat wird noch den großen Vorzug haben, daß seine Bilder unter allen Umständen geometrisch genaue Abbildungen der photographierten Gegenstände sind, frei von jeder Verzeichnung, wie es das kostbarste photographische Objektiv nicht besser zu leisten vermag. Die Lichtstrahlen wirken eben als mathematische gerade Linien durch

die kleine Öffnung hindurch mit der Sicherheit und
Genauigkeit, die der beste Geometer mit Zirkel und
Lineal nicht zu übertreffen vermag.

Haben wir uns durch diese Versuche noch einmal
davon überzeugt, daß das Licht sich in geraden Strahlen
ausbreitet, so dürfen wir jetzt doch nicht sofort an
die Frage herantreten: Woher kommt das? Wer
immer gleich nach dem unbekannten Grunde der Erscheinungen forscht und Fragen zu beantworten unternimmt, die zur Beantwortung durchaus noch nicht
klar genug gestellt sind, der läuft Gefahr, daß seine
Antwort nur ein Phantasiegebilde seines Geistes, aber
keine wirkliche Lösung der Frage ist. Das eben
charakterisiert die wissenschaftliche Forschung, daß
sie das „Warum" ganz hinausschiebt an das Ende
ihrer Untersuchungen, nachdem vorher das „Was"
der Erscheinungen erst völlig erschöpft ist. So werden
wir denn auch jetzt erst einmal fragen: gilt denn die
geradlinige Ausbreitung wirklich auch immer und unbegrenzt? Schon unsere einfache Lochkamera läßt in
uns ein Bedenken aufkommen. Wir werden das Loch
in der Vorderwand in der Regel mit einem gewöhnlichen Bohrer gebohrt haben, also ein Loch von etwa
1 bis 2 mm Durchmesser erhalten haben. Manchem
wird dabei die Schärfe des Bildes, das er auf der
photographischen Platte erhält, vielleicht noch nicht
genügen, und er wird sich sagen, daß dies daher
rührt, daß er das Loch zu groß gemacht hat, denn

ein größeres Loch bildet ja jeden Punkt als breiteren
Fleck von der Größe des Loches selbst ab. Je kleiner
das Loch, desto schärfer muß sich also jeder Punkt
selbst wieder als Punkt abbilden. Freilich wird auch,
je kleiner wir die Öffnung machen, die hineintretende
Lichtmenge um so geringer sein, und wir werden
daher auch um so länger exponieren müssen. Übergehen wir jedoch einmal diese Unbequemlichkeit und
versuchen einmal mit einem möglichst kleinen Loch
die beste Bildschärfe zu erhalten; wir werden eine
große Enttäuschung erleben. Sowie wir mit der Lochgröße unter eine gewisse Grenze heruntergehen, so
werden die Bilder wieder unschärfer und verfließen
schließlich ganz ineinander. Eine richtige Überlegung,
die aus der Existenz der Lichtstrahlen als mathema-
tischer, gerader Linien die notwendigen Schlüsse zog,
hat sich also im Versuche nicht bestätigt, die geradlinige Ausbreitung des Lichtes muß also doch an
Grenzen gebunden sein; und die nächste Frage, die
uns entgegentritt, ist die: Welches sind diese Grenzen?

Daß unter gewissen, besonderen Umständen der
Lichtstrahl von seiner geraden Richtung abgelenkt
wird, ist leicht zu beobachten; wir brauchen nur an
das Spiegelbild des jenseitigen Ufers eines Teiches in
der Oberfläche des Wassers zu denken. Wir sehen
in diesem Falle die Gegenstände des Ufers in um-
gekehrter Stellung noch einmal in einer Richtung, die
von der Wasseroberfläche herkommt, also müssen in

diesem Falle Lichtstrahlen von dem Ufer auf dem Umwege über die Wasseroberfläche zu uns gelangt sein. Blicken wir ferner in das Wasser hinein auf den Grund des Teiches, so wird uns das Wasser stets bedeutend flacher erscheinen als es in Wahrheit ist. Oftmals wird es uns scheinen, als würden wir mit Leichtigkeit im Wasser waten können, während wir beim Hineingehen mit Schrecken erkennen würden, daß wir in aufrechter Stellung nur gerade noch aus der Wasseroberfläche heraussehen können. Also auch in diesem Falle scheinen uns die Gegenstände des Grundes sich an anderer Stelle zu befinden, als sie in Wahrheit sind. Die Lichtstrahlen können nicht auf geradem Wege zu uns gelangt sein.

Um uns die durch die Wasseroberfläche veranlaßte Ablenkung der Lichtstrahlen von ihrem geraden Wege klar zu machen, soll uns folgender Versuch dienen (Fig. 2). Ich habe hier eine Nernstlampe, deren Licht von einem kurzen, geraden glühenden Faden ausgeht, und habe sie mit einer Metallkapsel überdeckt, die nur vorne eine spaltförmige, dem Glühfaden parallele Öffnung hat. Es tritt daher nur ein breites und flaches Lichtband aus der Lampe heraus, das ich Ihnen allen sichtbar mache, indem ich die Luft vor der Lampe einigermaßen mit Zigarrenrauch anfülle. Da ich die Lampe an ihrem Stativ beliebig drehen und höher und tiefer einstellen kann, so kann ich dem Lichtstrahl jede beliebige Richtung geben, und ich

werde ihn jetzt so stellen, daß er schräg auf die Ober-
fläche dieses mit leicht getrübtem Wasser gefüllten
Gefäßes fällt. Erfülle ich den Raum über der Wasser-
oberfläche wieder mit einigem Zigarrenrauch, so sehen
Sie den Verlauf der Lichtstrahlen vollständig vor sich.
Sie sehen, daß der auffallende Lichtstrahl sich in zwei
Teile teilt, der eine kehrt von der Wasseroberfläche
zurück und bildet den reflektierten Strahl, der andere

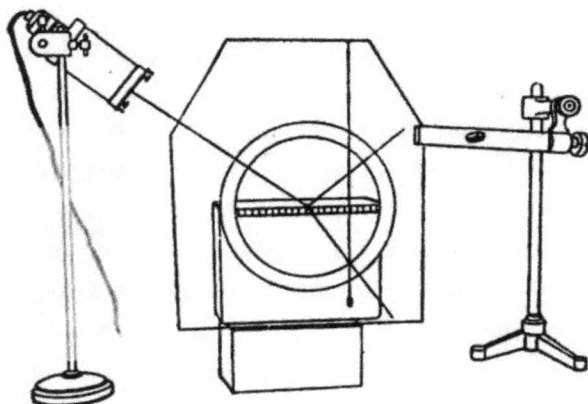

Fig. 2.

dringt in das Wasser ein, aber in geänderter Richtung,
und bildet den gebrochenen Strahl. Daß der reflektierte Strahl unter dem gleichen Winkel die Wasseroberfläche verläßt, unter welchem auch der einfallende
sie erreicht, läßt uns schon der bloße Augenschein
wahrscheinlich erscheinen, aber welche Beziehung
zwischen den Winkeln des einfallenden und des gebrochenen Strahles besteht, das zu ermitteln, hat den

Physikern lange bedeutende Schwierigkeiten gemacht; erst Snellius war es vorbehalten, im Jahre 1626 die Beziehung in eine feste Regel zu bringen. Nachdem diese Regel jetzt genau festgestellt ist, ist es leicht, dieselbe uns an diesem Versuche selbst klar zu machen. Ich stelle dazu vor das Glasgefäß eine Spiegelglasscheibe, auf die ein Kreis von Papier geklebt ist, und richte den Lichtstrahl so, daß er hinter der Mitte des Kreises die Wasseroberfläche trifft. Es werden dann durch den Papierkreis von den drei Strahlen stets Abschnitte von gleicher Länge herausgeschnitten. Nehme ich jetzt einen mit einem kleinen Gewicht beschwerten Faden, also ein Lot, und halte denselben so, daß er der Reihe nach sich mit den in der Peripherie des Kreises liegenden Enden der drei Strahlen deckt, so begrenzt dieses Lot auf der Wasseroberfläche, beziehungsweise auf einem Maßstab, den ich horizontal durch die Mitte des Kreises ebenfalls auf die Glasscheibe geklebt habe, ebenfalls drei Strecken, die ich die Projektionen der drei Strahlen nenne. Wir mögen dann den Versuch so oft wiederholen, wie wir wollen, und dem Lichtstrahl jede beliebige Neigung geben, wir werden immer folgende Regel bestätigt finden: erstens: die Projektionen für den einfallenden und den reflektierten Strahl sind immer einander gleich, und daraus folgt, daß der reflektierte Strahl stets genau unter dem gleichen Winkel die Wasseroberfläche verläßt, wie der auffallende sie erreicht. Zweitens:

die Projektionen des einfallenden und des gebrochenen
Strahles stehen immer in dem gleichen Verhältnis zueinander, ganz gleichgültig, welches die Neigung des
einfallenden Strahles ist. Dies Verhältnis bleibt der
Größe nach auch dasselbe, nur kehrt es sich um, wenn
wir die Nernstlampe ganz tief setzen und den Lichtstrahl von unten her gegen die Wasseroberfläche treten
und hier in die Luft hin austreten lassen. Dies letztere
zeigt uns, daß der Lichtstrahl von unten her genau
in der Richtung in die Luft austritt, aus welcher er
auch hätte kommen müssen, wenn er im Wasser die
ihm jetzt gegebene Richtung hätte bekommen sollen.
Das Verhältnis zwischen den Projektionen des einfallenden und des gebrochenen Strahles ist offenbar
eine Zahl von besonderer Bedeutung, und wir finden,
daß, wenn wir an Stelle des Wassers andere Flüssigkeiten oder auch feste Körper mit eben geschliffener
Oberfläche bringen, daß dann für jeden dieser Körper
eine ganz bestimmte Verhältniszahl sich angeben läßt,
die jedesmal für die Substanz des betreffenden Körpers
ganz charakteristisch ist und offenbar mit dem Wesen
der Lichtausbreitung durch die festen und flüssigen
Körper in innigstem Zusammenhang stehen muß. Wir
nennen diese Verhältniszahl der Projektionen den
Brechungsquotienten der betreffenden Substanz.

Dieses Snelliussche Brechungsgesetz hat zunächst
einen sehr abstrakten, rein mathematischen Charakter,
aber wir sind in der Lage, durch einen scheinbar sehr

entfernt liegenden Vergleich dasselbe unserem Verständnis außerordentlich nahe zu bringen. Ich darf
wohl schon jetzt einmal hinweisen auf eine Erfahrungstatsache, zu deren Entdeckung freilich ganz außerordentlicher Scharfsinn der Astronomen, insbesondere
Olaf Römers im Jahre 1676 gehört hat, die aber
jetzt durch so mannigfaltige Wiederholungen sich
immer wieder bestätigt hat, daß sie als sichere Tatsache gelten kann. Ich meine die Feststellung, daß
das Licht, um von einem Orte zum andern hinzuge-
langen, eine gewisse, meßbare Zeit braucht. Wenn
diese Zeit auch bei allen Entfernungen, mit denen wir
hier auf der Erde zu rechnen haben, ganz außerordent-
sich klein ist, so stehen doch den Astronomen bei
ihren Beobachtungen im Himmelsraum Entfernungen
zu Gebote, zu deren Durcheilung selbst das Licht eine
in den Beobachtungsfehlern nicht mehr sich ver-
bergende Zeit gebraucht. Da auch unsere Erde selbst
mit sehr bedeutender Geschwindigkeit ihre Bahn um
die Sonne durcheilt, so hat sich gezeigt, daß gewisse
Sternbeobachtungen andere Verhältnisse ergaben, je
nachdem unsere Erde gerade auf den beobachteten
Stern hin sich bewegt oder von ihm forteilt; je nachdem
sie also dem von jenem Stern kommenden Lichtstrahl
entgegen oder mit ihm sich bewegt. Wir werden in
einer späteren Vorlesung genauer betrachten, wie aus
solchen Verhältnissen die Erdbewegung zum Maß der
Lichtgeschwindigkeit geworden ist, für jetzt mag es

uns genügen, daß zweifellos aus solchen Beobachtungen sich folgern läßt, daß das Licht ein mit genau meßbarer Geschwindigkeit fortschreitender Vorgang ist. Diese Tatsache soll uns zunächst auch nur die Möglichkeit zu einem Vergleich an die Hand geben.

Denken Sie sich jetzt einmal, Sie wollten über ein freies Feld hin nach einem fernen Zielpunkte gehen, Sie sehen aber, daß vor ihnen zunächst eine glatte Weide sich ausdehnt, über welche es sich leicht und schnell ausschreiten läßt, dahinter erstreckt sich aber ein frisch gepflügtes Ackerfeld, über welches man nur ungern und mit Mühe hinweggeht. Sie werden zweifellos, um zu ihrem Ziele zu gelangen, vom geraden Wege dorthin abweichen und es vorziehen, möglichst lange auf der Weide zu bleiben. Nehmen wir an, in dieser Zeichnung (Fig. 3) sei A der Wanderer und B sei das Ziel. Es fragt sich, welchen Weg muß der Wanderer einschlagen, um in der kürzesten Zeit nach B zu gelangen. Wir wollen es in der Zeichnung ausprobieren und ziehen dazu über verschiedene Punkte C_1, C_2, C_3 die Wege und messen jedesmal die Zeit, die zum Zurücklegen dieser Wege erforderlich ist, dann wird sich ja zeigen, auf welchem Wege die kürzeste Zeit gebraucht wird. Ich will noch annehmen, daß man auf der Weide 30 m vorwärts kommt in einer Zeit, in welcher man auf dem Ackerfeld nur 20 m zurücklegt, dann haben wir jeden Meter, der auf dem Ackerfeld zurückzulegen ist, mit 3 und jeden Meter auf

dem Weideland mit 2 zu multiplizieren, um das Verhältnis der für die betreffenden Wegstrecken gebrauchten
Zeiten zu finden. Die auf den verschiedenen Wegen
gebrauchten Zeiten sind daher $2\,AC_1 + 3\,C_1B$ bzw.
$2\,AC_2 + 3\,C_2B$ usw. Macht sich einmal einer von
Ihnen die Mühe, diese Rechnung an der Figur durchzuführen, so wird er bald sehen, daß in der Tat für

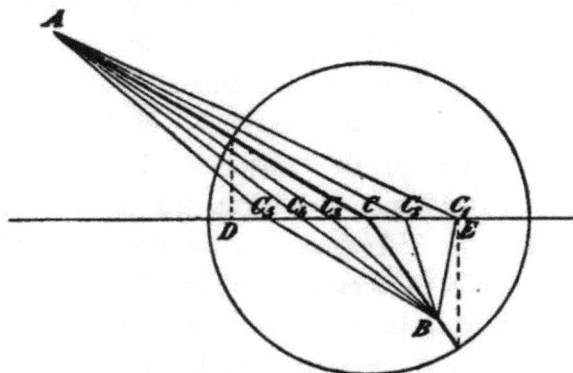

Fig. 3.

einen bestimmten Punkt C die Zeit kürzer ist wie
für alle anderen C_1, C_2, C_3 usw. Zeichnet er dann
noch um diesen Punkt C einen Kreis und begrenzt
dadurch auf den Wegen gleiche Strecken und bildet
die Projektionen dieser Strecken auf die Grenze der
Felder, so erhält er die Strecken CD und CE, und
er wird erstaunt sein, zu finden, daß diese Strecken
sich wieder wie 3 : 2, also wie die angenommenen Geschwindigkeiten verhalten. Und wenn er ein beliebiges

anderes Verhältnis der Geschwindigkeiten zugrunde legt, so werden die so erhaltenen Projektionen sich immer gerade wie diese Geschwindigkeiten verhalten. Das heißt also allgemein, um am schnellsten zum Ziele zu gelangen, muß man sich stets nach dem Snelliusschen Brechungsgesetz bewegen. So grob es also auch scheinen mag, die Bewegung des Wanderers mit der fast unendlichen Geschwindigkeit des Lichtes zu vergleichen, wir gelangen doch dadurch dazu, wenigstens eine gewisse Vermutung über die Art der Fortschreitens des Lichtes durch verschiedene Medien als Leitfaden für weitere Überlegungen aufzustellen. Erblicken wir in der Zahl, die wir vorhin den Brechungsquotienten des Wassers nannten, die Verhältniszahl zwischen der Geschwindigkeit des Lichtes in der Luft und im Wasser, so würden wir durch unseren Vergleich dazu kommen, zu sagen, daß das Licht, das von der Lichtquelle zu irgend einem Punkte im Wasser vordringt, immer den Weg wählt, auf welchem es in der kürzesten Zeit zum Ziel gelangt. In dieser Form würde das Brechungsgesetz in der Tat uns einen Einblick in die Natur zu offenbaren scheinen, der sicher unser Interesse aufs lebhafteste fesseln muß, zumal wir unmittelbar übersehen können, das ja auch schon das Reflexionsgesetz dem Lichtstrahl den Weg vorschreibt, auf welchem er unter Berührung der Wasseroberfläche am schnellsten zum Ziele kommen kann.

Wir wollen jetzt noch eine Anwendung von den uns bisher bekannten Erscheinungen machen, die sie alle in gewisser Weise zusammenfaßt, und auch wieder das Prinzip des kürzesten Lichtweges uns in wunderbarer Weise nahebringt. Kehren wir wieder zu dem Versuch mit dem durchlöcherten Stanniolschirm zurück! Ein Loch ist so angebracht, daß das senkrecht aus der Lampe das Stanniol treffende Strahlenbündel durch dieses Loch hindurchtreten kann; dieses Loch liefert uns ein bestimmtes Bild auf den Schirm. Über irgend ein anderes Loch lege ich ein dünnes Glasprisma; Sie sehen, daß das durch dieses Loch bewirkte Bild verschoben erscheint. Nachdem wir die Brechung der Lichtstrahlen beim Übertritt in ein anderes Medium kennen gelernt haben, kann uns dies nicht mehr verwundern. Eine einfache Überlegung zeigt uns, daß die Größe der Ablenkung des Lichtstrahls mit der Größe des Prismenwinkels wachsen muß. Dann aber werden wir in der Lage sein, durch geeignete Auswahl des Prismas das durch die seitliche Öffnung hervorgerufene Bild der Kohlen gerade auf das durch das zentrale Strahlenbündel erzeugte zu legen. Ebenso kann ich für alle anderen Löcher im Stanniolschirm geeignete Prismen berechnen, die alle bisher getrennt liegenden Bilder mit dem einen mittleren zusammenlegen; es wird dann hier ein einziges Bild von wesentlich größerer Helligkeit entstehen, aber da alle Bilder gleich groß waren, so wird auch dieses dieselbe Größe

haben. Praktisch macht man sich die Sache nun
noch viel einfacher; anstatt lauter einzelne Prismen
zu nehmen, wählt man sie alle von solcher Dicke,
daß sie, unmittelbar aneinandergelegt, aus einem großen
Glasstück geschnitten werden können, wie die beistehende Figur 4 es andeutet. Schleift man noch die
gemeinsame Oberfläche als Kugelfläche, so erhält man
eine Glaslinse, und Sie verstehen jetzt,
warum ein solcher Glaskörper, wie ich ihn
jetzt an die Stelle des Stanniolschirmes setze,
uns ein so schönes und helles Bild von
unserer Kohlenspitze entwerfen kann. Freilich kann die Linse jetzt nicht mehr wie
die kleine Öffnung in jeder beliebigen Entfernung ein solches Bild zeichnen, sondern
nur in einer genau bestimmten; aber nach
der Entstehungsweise dieses Bildes werden Sie
ohne weiteres überzeugt sein, daß die Größe

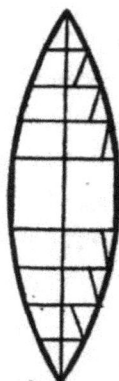

Fig. 4.

dieses Bildes genau die gleiche sein wird, wie die
durch ein Loch im Stanniolschirm hervorgerufene Bildgröße, wenn der Stanniolschirm genau an die Stelle der
Linse gesetzt wird. Also gilt auch für die durch
Linsen erzeugten Bilder die Regel, daß die Bildgröße
zur Größe der Lichtquelle sich verhält wie die Abstände von der Linse bis zum Bild und bis zur Lichtquelle.

Sie werden auch weiter bemerkt haben, daß wir,
um von den einzelnen Prismen zur Linse übergehen

zu können, die mittleren Prismen dicker nehmen müssen
als die äußeren, ja wir müssen auch die zentrale Öffnung mit einem Glasklotz mit parallelen Endflächen
bedecken, der die Richtung des Lichtstrahls nicht
ändert. Denken wir jetzt wieder an das Prinzip des
kürzesten Lichtweges, so muß uns ja auffallen, daß
bei der Linse gerade die Strahlen die nahe der Mitte
die geometrisch kürzeren Wege haben, dafür eine
um so größere Strecke im Glase zurücklegen müssen.

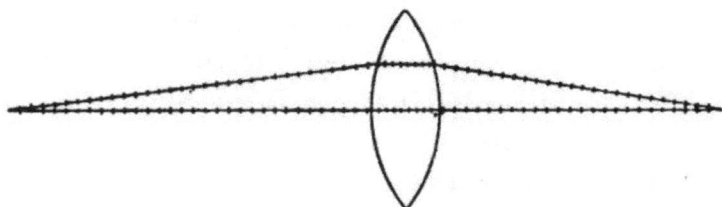

Fig. 5.

Es liegt daher nahe, daß wir versuchen, an der Hand
einer sorgfältig ausgeführten Zeichnung, indem wir
für das Verhältnis der Lichtgeschwindigkeiten irgend
eine Zahl zugrunde legen, etwa 1,5, was den tatsächlichen Verhältnissen nahe kommen wird, die Zeiten,
die die einzelnen Strahlen vom Lichtpunkt bis zum
Bilde gebrauchen, zu berechnen. Wer sich der Mühe
dieser Rechnung unterzieht, wird dafür reichlich be-
lohnt werden, denn er wird die merkwürdige Entdeckung machen, daß alle Strahlen, die durch die
Linse zum Bilde vereinigt werden, genau gleiche
Zeiten gebraucht haben. Man sagt dann auch, die

„optischen Lichtwege" sind für alle Strahlen gleich
lang. In der Figur 5 ist eine solche Zeichnung geometrisch genau durchgeführt. Der Gang des gebrochenen Strahles wurde für das Brechungsverhältnis 1,5
richtig konstruiert. Mißt man dann wieder die Länge
der einzelnen Strahlenabschnitte in Luft und in der
Linse mit Maßstäben, die sich wie 3:2 verhalten, so
zeigt die Figur, daß dann in der Tat beide Strahlen-
wege als gleich lang sich ergeben.

Natürlich kann dies noch kein Beweis dafür sein,
daß das Prinzip des kürzesten Lichtweges die richtige Deutung des Snelliusschen Brechungsgesetzes ist,
denn wir wissen ja noch gar nicht, ob das Licht wirklich in den verschiedenen Medien sich verschieden
schnell fortpflanzt, aber es wird uns doch mächtig
anregen, demselben stets mit erneutem Interesse uns
zuzuwenden und seinen Spuren immer aufs neue zu
folgen. In einer späteren Vorlesung werden wir in
der Tat in der Bilderzeugung durch Linsen, verbunden
mit neuen Erscheinungen, einen direkten Beweis für
die Richtigkeit dieses Prinzipes als eines wirklichen
Naturgesetzes finden.

Zweite Vorlesung.

Wir haben in der vorigen Vorlesung die beiden wichtigsten Fälle kennen gelernt, in welchen eine Abweichung von dem gradlinien Fortschreiten der Lichtstrahlen eintritt; es war dies die Reflexion und die Brechung des Lichtes beim Auftreffen auf die glatte Oberfläche eines durchsichtigen Körpers, und wir haben auch die Gesetze an der Hand des Versuches uns klar gemacht, nach welchen aus der Richtung des auffallenden Strahles diejenige des reflektierten und des gebrochenen zu berechnen ist. Bei der Betrachtung des gebrochenen Strahles haben wir jedoch einer Erscheinung noch keine weitere Beachtung geschenkt, da sie in unserer einfachen Versuchsanordnung nur sehr wenig bemerkbar war, die aber doch mit jeder Brechung des Lichtes verknüpft ist. Hätten wir den in das Wasser eintretenden Strahl genauer betrachtet und dabei unser Strahlenbündel so schmal wie möglich abgegrenzt, so hätten wir wahrgenommen, namentlich wenn die Ablenkung durch Brechung eine starke war, daß der gebrochene Strahl nicht, wie der einfallende und der reflektierte, ein weißer Strahl von gleichbleibender Breite ist, sondern daß er stets sich fächerförmig etwas verbreitert, und daß dabei die am wenigsten abgelenkte Seite einen roten, die andere einen blauen Saum hat. Ich will Ihnen diese Erscheinung zunächst in gesteigertem Maße vorführen, indem ich zu der ersten Brechung eine zweite, die eine Ablenkung des Lichtstrahls in gleichem Sinne bewirkt, hinzufüge. Es geschieht dies in sehr einfacher Weise dadurch, daß ich den Lichtstrahl ein durchsichtiges, dreikantiges Prisma durchsetzen lasse. Blende ich aus dem Lichte meiner Bogenlampe ein schmales Strahlenbündel durch Vorsetzen zweier Spalte heraus und lasse diesen Strahl durch ein mit Wasser gefülltes prismatisches Gefäß treten und dann auf einen weißen Schirm fallen, so sehen Sie, daß die Spur dieses Lichtbündels sich als schönes, farbiges Band auf dem Schirm abzeichnet (Fig. 6). Auf der Seite der geringsten Ablenkung ist ein reines Rot sichtbar, dann folgt Gelbrot, Grün, Blau und Violett. Eine derartige Zerlegung des weißen Lichtes bei der Brechung tritt in allen Fällen auf; Newton war es, der diese Beobachtung zuerst gemacht hat, und dem wir auch ihre Deutung sowie die nächstfolgenden Beobachtungen zu danken haben.

Zunächst interessiert uns die Frage, ob diese Zerlegung des Strahlenbündels in Farben in unmittelbarer Abhängigkeit von der Größe der Brechung steht.

Daß die verschiedenen durchsichtigen Körper verschieden starke Ablenkung des Lichtes bewirken, habe ich bereits das vorige Mal mitgeteilt; diese Tatsache kommt dadurch zum Ausdruck, daß der Brechungsquotient des Lichtes für die verschiedenen Medien im allgemeinen verschieden ist. Wir überzeugen uns auch jetzt leicht davon, indem wir unser Wasserprisma der

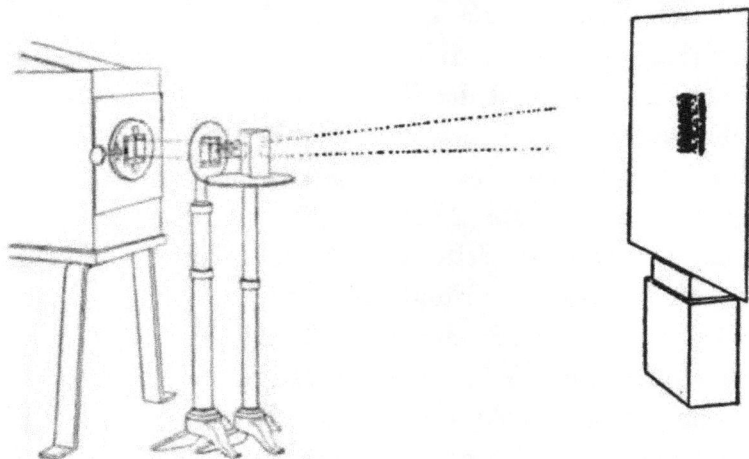

Fig. 6.

Reihe nach durch verschiedene andere Prismen ersetzen, bei welchen der Winkel zwischen den beiden brechenden Flächen stets der gleiche, nämlich 60° ist. Sie sehen, ein mit Schwefelkohlenstoff gefülltes Prisma lenkt das Licht ganz bedeutend stärker ab als das Wasserprisma; ein Prisma aus Flintglas ungefähr ebenso stark wie das Schwefelkohlenstoffprisma und ein Kronglasprisma bewirkt eine Ablenkung, die zwischen

der des Wassers und des Schwefelkohlenstoffes ungefähr in der Mitte liegt. Beachten wir jetzt die Breite
des jedesmal entstehenden Farbenbandes im Vergleich
zur Größe der Ablenkung, so sehen wir, daß diese
Breite durchaus nicht stets in dem gleichen Maße
wie die Ablenkung zunimmt. Das Flintglasprisma
liefert zum Beispiel ein Farbenband, das ganz merklich schmaler ist als das durch Schwefelkohlenstoff
bewirkte, obwohl die Ablenkung bei beiden nahezu die
gleiche ist. Lasse ich den Strahl erst durch das Schwefelkohlenstoffprisma gehen und stelle dann das Flintglasprisma in den Weg des Lichtstrahls, jedoch anders
herum, so daß die Ablenkung durch das Flintglas
nach der anderen Seite erfolgt, so kehrt der Strahl
nahezu in seine ursprüngliche Richtung zurück, aber
trotzdem bleibt noch eine ganz merkliche Ausbreitung
des weißen Lichtes in ein Farbenband bestehen. Aus
diesem Versuch geht schon deutlich hervor, daß die
Zerlegung des Lichtes in Farben und die Brechung
zwei voneinander unabhängige Eigenschaften der
durchsichtigen Körper sind; dies ist eine Tatsache
von sehr weittragender Bedeutung. Zunächst werden
wir durch diese Erscheinung in den Stand gesetzt, in
sehr viel vollkommenerer Weise, als es eben an dem
Schwefelkohlenstoff und Flintglasprisma zu sehen war,
durch geschickte Auswahl zwischen geeigneten Glassorten und Wahl der Prismenwinkel ein Strahlenbündel in einen breiten Farbenfächer zu zerlegen,

ohne daß eine Ablenkung des ganzen Strahlenbündels von der geraden Richtung erfolgt. Aber wir können auch umgekehrt zwei Prismen so einander anpassen, daß der Lichtstrahl durch sie eine sehr merkliche Ablenkung erfährt, ohne daß wir die geringste Farbenzerstreuung wahrnehmen.

Die Tragweite dieser letzteren Möglichkeit werden Sie sofort übersehen, wenn Sie sich daran erinnern, wie ich Ihnen in der vorigen Vorlesung die Wirksamkeit einer Linse aus der Ablenkung durch viele einzelne Prismen herleitete. Besteht die Linse aus einer einzigen Glassorte, so muß mit der Brechung des Lichtes notwendig auch Farbenzerstreuung verknüpft sein. Die Bilder, die eine solche Linse entwirft, müssen daher bei genauem Hinsehen stets sich als von farbigen Rändern umsäumt zeigen. Ist jedoch die Linse aus zwei Glassorten kombiniert, in der Weise, daß alle Einzelprismen, aus denen sie entstanden gedacht werden kann, Kombinationen von der Art sind, wie ich zuletzt erwähnte, so wird auch die Linse ein von Farbensäumen völlig freies Bild zu liefern imstande sein. Es bedarf wohl kaum der Erwähnung, von welcher Wichtigkeit die Konstruktion derartiger Linsenkombinationen für den Bau von jeder Art feinerer optischer Instrumente ist. Newton war diese Möglichkeit noch nicht bekannt, und deswegen sah er sich auch genötigt, um den Forderungen der Astronomen genügende Fernrohre zu berechnen, auf die Anwendung von Hohlspiegeln an Stelle von Linsen zurückzugreifen.

Wir müssen uns jedoch gegenwärtig versagen, auf die vielen und schönen Probleme näher einzugehen, die mit der Bilderzeugung in optischen Instrumenten verknüpft sind, da wir als Ziel uns vorgesetzt haben, möglichst in die Natur des Lichtes selbst einzudringen. Daher haben wir unser Augenmerk nunmehr der Natur des farbigen Lichtes und seinem Verhältnis zum weißen zuzuwenden und wollen zunächst uns das Farbenband in möglichster Reinheit und Helligkeit herstellen. Ich benutze dazu eine Prismenkombination aus drei mit einander verkitteten Prismen, die so berechnet ist, daß das Lichtbündel fast gar nicht von seiner geraden Richtung abgelenkt wird, daß aber doch ein besonders breites Farbenband entsteht.

Um noch zu möglichst großer Helligkeit des Farbenbandes, das wir von jetzt an das Spektrum nennen werden, zu gelangen, stellen wir folgende Überlegung an. Ich habe das Licht aus der Bogenlampe durch zwei Spalte treten lassen; würde ich den zweiten Spalt durch eine Blende mit kleiner Öffnung ersetzen, so erhielte ich durch dieselbe auf dem weißen Schirm ein Bild des ersten Spaltes, wie Sie aus dem Versuch mit dem durchlochten Stanniolschirm der vorigen Vorlesung erinnern werden. Nun kann ich aber offenbar den zweiten Spalt als eine Reihe kleiner, übereinanderliegender Blendenöffnungen ansehen, und finde daher, daß auch dieser Spalt mir von dem ersten Spalt ein Bild auf dem Schirme entwirft, das schon größere Helligkeit als das einfache Lochbild hat. Ich kann dann aber ein noch wesentlich helleres Bild dieses Spaltes erhalten, wie ich bereits das vorige Mal zeigte, wenn ich an Stelle des zweiten Spaltes eine passende Linse setze; ich nehme dazu ein photographisches Objektiv. Setze ich nunmehr in den Gang der Lichtstrahlen hinter die Linse meine Prismenkombination, so sehen Sie jetzt auf dem Schirm ein außerordentlich schönes und helles Spektrum.

In diesem schönen Farbenband sehen wir alle verschiedenen Farben nebeneinander, in welche sich der weiße Lichtstrahl durch die Brechung in unserem Prisma zerlegen läßt. Es soll uns zunächst interessieren, in welchem Verhältnisse diese Farben zu anderem farbigen Lichte stehen, das uns aus dem täglichen Leben bekannt ist. Wenn ich eine Lampe mit blauem Glase bedecke, so erscheint sie selbst und alles, was sie beleuchtet, vorwiegend blau. Schalte ich in den Weg meines Lichtstrahls ein solches blaues Glas, so sehen Sie, daß aus dem Spektrum das Gelb und Orange, der größte Teil des Rot und ein Teil des Grün verschwindet; es bleibt nur übrig das Violett, Blau und ein Teil des Grün und dann noch ein kleiner Teil des dunklen Rot. Wir sehen also, daß das durch blaues Glas hindurchgelassene Licht durchaus nicht die Eigenschaft verloren hat, bei der

Strahlenbrechung in einen Farbenfächer auseinander-
zufallen, nur sind in diesem Fächer gewisse Farben
ausgefallen, dem weißen Licht scheint durch Einschalten dieses Glases ein gewisser Teil, der vorher
in ihm enthalten war, genommen zu sein. Schalten
wir ein gelbes Glas ein, so bleibt Hellrot, Orange,
Gelb und Grün im Spektrum erhalten, während die
übrigen Farben fehlen; bei einem grünen Glase sehen
wir noch Blau Grün und Gelb in unserem Spektrum.
Nur bei diesem roten Glas bleibt allein ein breiter
roter Streifen im Spektrum stehen, während alle
anderen Farben ausgelöscht sind. Fügen wir zwei
Gläser zusammen, so zeigt sich, daß auch dann jedes
Glas immer dieselbe Gruppe aus dem Spektrum aus-
scheidet, die es vordem vernichtete; das gelbe und
blaue Glas zusammen lassen z. B. nur noch das Grün
hindurch, da dieses die einzige Farbe in unserem
Spektrum ist, die durch beide Gläser hindurchgelassen
wird.

Diese Erscheinung der Ausschaltung einzelner
Farbengruppen im Spektrum durch die farbigen
Gläser, unabhängig von dem Fortbestehen der anderen
Farben, legt es uns nahe, anzunehmen, daß überhaupt das weiße Licht nur ein Gemisch der gleichzeitig nebeneinander in ihm enthaltenen einzelnen
Farben ist, und uns nur deshalb weiß erscheint, weil
keine einzelne Farbe in ihm vorwiegt. Dieser Ge-
danke, daß das weiße Lisht, das auf uns doch im

höchsten Grade einen vollkommen einheitlichen Ein-
druck macht, in Wahrheit ein solches buntes Gemisch sein soll, hat zunächst etwas derartig dem un-
befangenen Denken Widerstrebendes an sich, daß,
wie bekannt, Goethe der sich so vielfach als Meister
in seinen Beobachtungen bewiesen hat, denselben Zeit
seines Lebens von der Hand gewiesen hat, und nicht
müde wurde, über Newton und alle Physiker zu
spotten, die da meinten, das reine Weiß aus den
Farben des Spektrums zusammensetzen zu können.
Wir dürfen daher auch nicht aus der Zerlegbarkeit
des weißen Lichtes in farbiges ohne weiteres schließen,
daß das weiße Licht selbst schon aus Farben ge-
mischt ist, wenn es uns nicht zweifellos gelingt, aus
unserem Farbenspektrum wieder das ursprüngliche
Weiß zusammenzusetzen.

Ich führe diesen Versuch jetzt aus und stelle
dazu in den Gang der farbigen Strahlen eine Linse,
nachdem ich zuvor vor das Prisma ein viereckiges
Fenster aus Blech gestellt habe. Sie sehen, daß ich dieser
Linse leicht eine solche Stellung geben kann, daß auf
dem Schirm jetzt an Stelle des Spektrums eine rein
weiße Fläche entsteht, und wir überzeugen uns leicht,
daß diese weiße Fläche ein Bild des Fensters ist, das
ich dicht vor das Prisma gestellt habe.*)

---

*) Bei der Ausführung dieses und fast aller folgender
optischen Versuche findet man in der Regel die Anwendung
eines Kondensorsystems vorn an der Lampe empfohlen, durch

Um zu verstehen, was uns dieser Versuch lehrt,
verfolgen wir einmal den Strahlengang an der Fig. 7.
Das aus dem Spalt S kommende Licht wird durch
die erste Linse so gebrochen, daß auf dem Schirm
das Spaltbild S' entsteht. Die Brechungen erfolgen
natürlich an beiden Linsenflächen, aber wir können
für die Zeichnung die aus dem Spalt kommenden
und die zum Bilde hingehenden Strahlen so ver-
längern, daß sie sich in der Mittelebene L_1 der Linse
treffen, und annehmen, daß die ganze Brechung an

---

welches ein Bild der Lichtquelle auf den Spalt entworfen
wird. Es ist durchaus ein Irrtum, daß man durch eine derartige Anordnung an Lichtstärke irgend einen Vorteil erzielen
kann. Verwendet man eine Lampe, deren lichtgebende Fläche
so nahe an den Spalt herangeführt werden kann, daß der
durch den Spalt hindurchtretende Strahlenkegel (siehe Fig. 7)
die nutzbare Fläche der Linse L_1 gerade ausfüllt, so hat man
unter allen Umständen die größte theoretisch mögliche Lichtstärke. Die große Lichtmenge, die ein Kondensorsystem zu
konzentrieren vermag, geht für die Versuche größtenteils
nutzlos verloren, da die zum Entwerfen der Bilder benutzten
Linsen nicht annähernd bis zu dem Öffnungsverhältnis des
Kondensors ausgenutzt werden können, wenn die Bilder noch
klar sein sollen. Um den Lichtpunkt einer Bogenlampe nahe
genug an den Spalt heranbringen zu können, müssen natürlich
beide Kohlenspitzen schräg nach vorn gestellt sein, wie aus
Fig. 1 zu erkennen; dadurch erhält man für alle optischen
Versuche auch eine ganz außerordentliche Vereinfachung
im Aufbau und der Justierung, die jeder sofort empfinden
wird, wenn er einmal nach dieser Art die Versuche gemacht hat.

dieser Mittelebene erfolge. Wird jetzt das Prisma
eingefügt, so entsteht das Spektrum *RV*. Auch in
diesem Falle findet die Brechung in Wahrheit an
vier Flächen statt, aber wir denken uns wieder die
ankommenden und die zuletzt austretenden Strahlen
zu gegenseitigem Schnitt verlängert und erhalten so
die Ebene *P*, durch welche die ganze Farbenzerstreuung bewirkt angenommen werden kann. Infolge

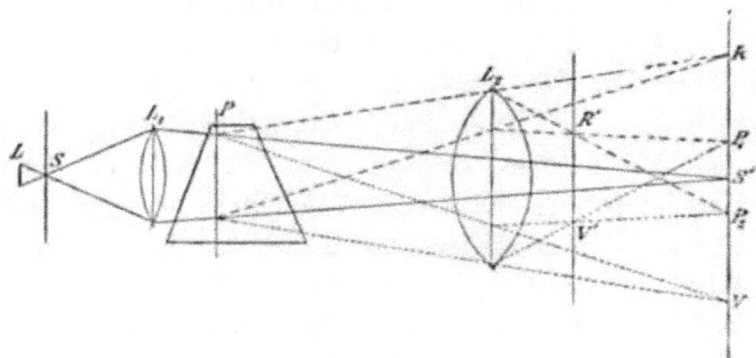

Fig. 7.

des vor das Prisma gesetzten Fensters wird in dieser
Ebene *P* ein viereckiges Flächenstück von dem weißen
Lichte erreicht, und von den Punkten dieses Flächenstückes gehen nun die Strahlen in verschiedene Farben
auseinander. Ich füge jetzt die zweite Linse hinzu,
deren Mittelebene *L₂* ist, und stelle sie so, daß sie
auf dem Schirm ein Bild des auf *P* abgegrenzten
Flächenstückes entwirft. Da diese Linse einen merk-
lichen Unterschied in der Brechung der verschieden-

farbigen Strahlen noch nicht zeigt, so vereinigt sie
alle von einem Punkt der Fäche P ausgehenden
Strahlen wieder in einem Punkt, gleichgültig ob unter
diesen verschieden gerichteten Strahlen die einen rot,
die andern grün, blau oder violett sind. In jedem
Punkte des Bildes $P_1 P_2$ werden also alle Farben, die
vorher getrennt auseinander gingen, wieder zusammen-
geführt. Sie sehen, das Ergebnis ist ein rein weißes
Bild. Ich kann das Prisma entfernen und wieder an
seinen Platz stellen, es tritt bis auf einen geringen
Lichtverlust, der durch die Glasmasse des Prismas
bewirkt ist, im Bilde kaum eine Veränderung ein.
Auch die geringe Änderung in der Schärfe der
Ränder des Bildes nach dem Wegnehmen des Prismas,
die man beim Naheherantreten an den Schirm bemerken kann, ist leicht zu erklären. Ich rücke die
Linse ein klein wenig nach dem stehengebliebenen
Fenster hin, um wieder ein reines, scharf begrenztes
Bild, genau wie vorher, zu haben. Durch das Zwischenfügen des Prismas wurde das Fenster der Linse scheinbar näher gerückt, bis nach P hin, genau wie uns
der Grund eines klaren Wassers gehoben erscheint
durch die Strahlenbrechung. Wir können aus diesem
Versuch nunmehr mit Sicherheit schließen, daß die
Wiederzusammenführung der farbigen Strahlen des
Spektrums ein reines, weißes Licht genau so wieder-
herstellt, wie wenn eine Zerlegung in farbiges Licht
gar nicht eingetreten wäre.

Wir ersehen aber auch weiter noch aus unserer Figur, daß es sogar eine Ebene gibt, in welcher alle Spektralfarben völlig getrennt nebeneinander liegen; denn durch den Punkt R' gehen offenbar nur rote Strahlen und durch V' nur violette. In der Ebene $R'V'$ haben wir also wieder ein ganz reines Spektrum. Diese, durch den Strahlenverlauf uns von selbst gebotene Gelegenheit gestattet uns nun weiter, aus der Gesamtheit der Farben gewisse Gruppen durch Zwischenfügen von Blenden auszuschalten; wir erhalten dann im Bilde $P_1 P_2$ die Mischung der übrig gelassenen Farben. Ich stelle daher jetzt noch an die Stelle der Ebene $R'V'$, wo, wie Sie sehen, das reine Spektrum sich bildet, einen Schirm mit einem Fenster auf, das ausreicht, um alle Farben hindurchzulassen. Bedecke ich dann das Fenster mit undurchsichtigen Streifen, so nehme ich nach Belieben einzelne Farben fort. Ich kann so zunächst einmal gerade die Farben abblenden, die auch durch die farbigen Gläser vernichtet wurden; der Versuch zeigt uns, daß dann das Bild auf dem Schirm gerade in der Farbe erscheint, die ihm auch durch das entsprechende farbige Glas erteilt wurde. Von besonderem Interesse ist es aber zu sehen, daß auch Gruppen von Farben derart ausgeschaltet werden können, daß das Gemisch der übrigen wieder weiß aussieht. Am leichtesten gelingt dies, wenn zunächst einmal das Rot völlig abgeblendet wird, das Bild auf dem Schirm erscheint dann grün. Bewege ich jetzt

hier im Spektrum einen zweiten schmalen abblenden-
den Streifen vom blauen Ende her, so sehen Sie, wie
das Grün des Bildes allmählich blasser wird, und jetzt
erreiche ich eine Stelle, wo das Bild rein weiß erscheint, gehe ich noch weiter mit meinem Streifen im
Spektrum vor, so wird das Bild rosa; aber beim Über-
gang vom deutlichen Grün zu Rosa wird zumeist das
Bild weiß. Ich kann Ihnen auch noch durch Aufstellen einer dritten Linse ein Bild des Fensters mit
den Blenden auf dem Schirm zeigen, dann sehen
Sie alle, welche Farben bedeckt sind; es ist der größte
Teil des Rot und des Blaugrün; übrig geblieben sind
das Gelb mit dem angrenzenden Orange und Hellgrün
in dem einen Teil, und im anderen das Blau und
Violett. Bedecke ich jetzt noch den einen der übrig
gebliebenen Teile und entferne wieder die dritte Linse,
so erhalte ich ein rein gelbes Bild, bedecke ich den
anderen Teil, so ist das Bild blau. Füge ich zu diesem
Blau das Gelbe wieder hinzu, so entsteht Weiß.

Wir könnten diese Versuche noch in der verschiedensten Weise variieren und eine große Zahl von Farben-
paaren ermitteln, die stets sich zu Weiß ergänzen;
man nennt alle diese Farbenpaare Komplementärfarben.
Wir wollen uns jedoch nicht länger damit aufhalten,
sondern nur noch durch einen Versuch eine rasche
Übersicht über die Mannigfaltigkeit und die Farbenpracht
solcher Komplementärfarben gewinnen. Ich führe zu
dem Zweck einen kleinen, dünnen Glaskeil vor meinem

Spektrum in der Fensteröffnung vorüber. Der Glaskeil bedeckt einen Teil des Spektrums und, da er als
Prisma wirkt, werden diese Strahlen etwas nach oben
abgelenkt. Wir sehen daher jetzt auf dem Schirm
zwei Bilder, die gegeneinander verschoben sind, so
daß zwar der größte Teil derselben noch übereinander
liegt, aber dieser gemeinsame Teil ist oben und unten

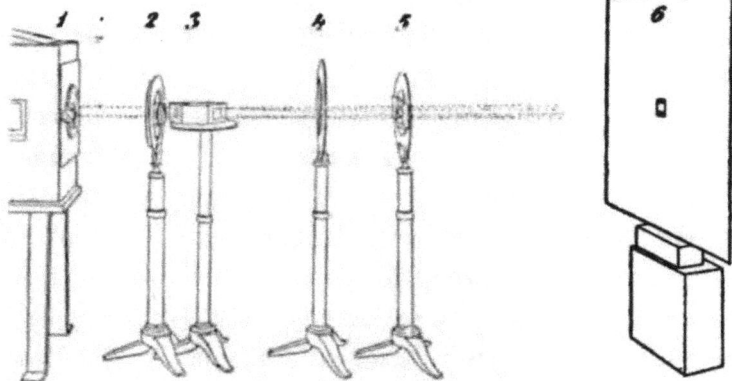

Fig. 8.
1 Lampe mit Spalt, 2 Linse, 8 Prisma, 4 Linse, 5 Blende mit Glaskeil, 6 Schirm.

von breiten Rändern begrenzt, die den einzelnen Bildern
angehören (Fig. 8). Diese Ränder enscheinen nun, da sie
ja jeder nur durch einen Teil der Spektralfarben erzeugt
sind, in prächtigen Farben, während der gemeinsame
Teil rein weiß ist. Wandere ich mit meinem Glaskeil
langsam über das Spektrum hin, so sehen Sie immer
neue Farbenpaare auftreten und sich zu Weiß ergänzen.
Die einzelnen Farben sind so prachtvoll und gesättigt,

daß kein Maler schönere Farben malen könnte, und doch gibt die Mischuug der gleichzeitig zur Erscheinung kommenden stets vollkommenes Weiß. Es ist unmöglich, die Fülle aller dieser Farbennuancen mit Namen zu nennen, der Versuch selbst ist einer der schönsten, der sich auf dem Gebiete der Optik darstellen läßt, und er bestärkt in uns immer aufs neue die Überzeugung, daß das weiße Licht tatsächlich stets als ein Gemisch der verschiedensten Farben anzusehen ist.

Wir wollen diese Versuche jedoch nicht verlassen, ohne des Wechsels der Anschauungen zu gedenken, die seit der Auffindung der Zerlegung des weißen Lichtes und der Wiedervereinigung der Farben in den Vorstellungen von der Natur des Lichtes eingetreten sind. Ich sagte bereits, daß Newton der große Entdecker dieser Erscheinungen ist, und er hat auch schon die gleiche Erklärung für dieselben gegeben. Trotzdem standen seine Vorstellungen von der Art der Ausbreitung des Lichtes in einem großen Gegensatz zu dem, was ich für uns als naheliegend in der vorigen Vorstellung hingestellt habe. Newton dachte sich das Licht als einen Vorgang, in welchem kleine Teilchen in den geraden Bahnen der Strahlen außerordentlich schnell sich fortbewegten. Er kannte das Brechungsgesetz, allein für seine weiteren Studien über das Licht ist es verhängnisvoll geworden, daß er zu früh gefragt hat: „warum?" Durch seine Ent-

deckung der Gesetze der Gravitation war ihm die
Vorstellung vertraut geworden, daß die Teile der
Materie sich untereinander anziehen, und in dem Be-
streben, sich in der Phantasie ein Bild zu machen,
warum das Brechungsgesetz den Gang der Lichtstrahlen
beherrscht, übertrug er die Idee der Anziehung auch
auf die von ihm erdachten Lichtteilchen. Er sagte
sich, wenn ein Lichtteilchen sich der Oberfläche eines
dichteren Körpers nähert, so erhält es von diesem
eine Beschleunigung, und die Bahn des Teilchens, die
schräg auf die Oberfläche gerichtet war, wird hier
gekrümmt, ähnlich wie die Bahn · des geworfenen
Steines durch die Schwerkraft gebogen wird. Je
stärker daher die Anziehung des dichteren Körpers
ist, desto mehr wird der Lichtstrahl in der Nähe der
Oberfläche gekrümmt, um nachher im Innern des
Körpers wieder gerade fortzueilen. Aus diesen Vorstellungen mußte dann Newton schließen, da ja die
Ablenkung mit einer Beschleunigung verknüpft erscheint, daß das Licht in den stärker brechenden
Medien eine größere Geschwindigkeit hat als in den
dünneren, und daß ebenfalls das violette schneller
fortschreitet wie das rote Licht. Wir haben noch
keinen Versuch kennen gelernt, der uns entscheiden
läßt, in welchem Medium die Fortpflanzungsgeschwindigkeit des Lichtes die größere ist, aber wir haben an
das Brechungsgesetz eine Betrachtung angeknüpft, die
uns ganz andere Verhältnisse nahelegte, als sich mit

Newtons Vorstellungen vertragen. Wir sahen, wenn die Geschwindigkeiten des Lichtes in Luft und in einem anderen Körper im Verhältnis der Brechungsexponenten stehen, daß dann das Licht immer den Weg einschlägt, der am schnellsten zum Ziele führt. Sollte die Natur aber diesen Weg eingeschlagen haben, der anscheinend doch gewisse Vorzüge in bezug auf das ökonomische Walten in der Natur zu bieten scheint, wenn es einmal gestattet ist, derartig menschliche Vorstellungen auf diese Welt des Unbekannten anzuwenden, dann würde gerade im dichteren Medium das Licht langsamer fortschreiten müssen und das violette wieder langsamer als das rote. Ohne Frage hat Newton durch die Fixierung seiner Vorstellungen sich frühzeitig fesseln lassen, und so hat er denn auch auf Grund der gedachten Anziehungskräfte auf die verschiedenfarbigen Lichtteilchen sich zu dem Schluß verleiten lassen, daß Brechung und Farbenzerstreuung notwendig parallel gehen müssen, und dadurch ist ihm die wichtige Erfindung entgangen, durch welche die Farbensäume in den Bildern optischer Linsen sich heben lassen. Es ist außerordentlich lehrreich, auf diese Weise in die Ursachen für die Irrgänge eines großen Forschers hineinzublicken, und es liegt hierin die Mahnung, die große Frage nach dem Warum immer wieder hinauszuschieben. So dürfen denn auch wir durchaus noch nicht das Prinzip des kürzesten Lichtweges als Grund verwenden, um daraus andere

Erscheinungen zu erklären, das wäre genau der gleiche Fehler, den auch Newton machte, sondern wir haben uns stets allein an das wirklich Beobachtete zu halten, und das ist bis jetzt nur die Tatsache des Brechungsgesetzes und der von der Brechung unabhängigen Farbenzerstreuung. Aber wir werden schon bald neue Versuche kennen lernen, die uns einen großen Schritt weiter führen und uns ganz wesentlich neue Eigenschaften des Lichtes offenbaren sollen; vereinigen wir dann das Brechungsgesetz mit diesen neuen Eigenschaften des Lichtes, dann allerdings wird uns nichts anderes übrig bleiben, als auch das Prinzip des kürzesten Lichtweges als ein Gesetz, das die Natur sich selbst auferlegt hat, anzusehen.

Dritte Vorlesung.

Fresnel. — Interferenzversuch an zwei Planplatten. — Die Wellennatur des Lichtes. — Newtonsche Ringe und verwandte Interferenzerscheinungen.

Wir haben bei unseren bisherigen Beobachtungen über die Brechung des Lichtes und die Zerlegung desselben in Farben eine Voraussetzung ganz stillschweigend mit eingeführt, die allerdings ganz selbstverständlich zu sein scheint, die aber doch heute von uns noch einmal näher geprüft werden soll, und die sich dann als nicht allgemein zulässig zeigen wird. Es ist dies die Voraussetzung, daß, wenn wir eine Stelle unseres weißen Schirmes mit zwei gleichen Lichtbündeln beleuchten, dann die Helligkeit dieser Stelle doppelt so groß ist, als wenn wir nur die einfache Lichtmenge dorthin gesandt hätten. Wir machten diese Voraussetzung, als wir die Entstehung des Bildes durch die Linse besprachen; denn wir legten damals durch Prismen die einzelnen, durch die Löcher im Stanniolschirm erzeugten Bilder übereinander und erhielten in der Tat durch die Linse ein einziges Bild von ganz wesentlich gesteigerter Helligkeit. Es erweist sich auch in der Tat in den weitaus meisten Fällen als ohne weiteres zulässig, die Lichtwirkung, die mehrere verschiedene Lichtquellen an einer Stelle hervorrufen, einfach als die Summe der Wirkungen der einzelnen Lichtquellen anzusehen. Jede Vorausberechnung der durch eine künstliche Beleuchtung zu erzielenden Helligkeit beruht auf diesem Grundsatze, und die Erfahrung bestätigt die Zulässigkeit solcher Rechnungen durch die glänzenden Erfolge unserer hochentwickelten Beleuchtungstechnik..

Sobald es sich aber um wissenschaftliche Forschungen handelt, darf auch nicht das Wahrscheinlichste als selbstverständlich angenommen werden, bevor es für alle Fälle, in denen es als Stützpunkt für weitere Schlüsse dienen soll, auf das genaueste geprüft ist. Es ist das große Verdienst Fresnels, zuerst gezeigt zu haben, daß Licht zu Licht hinzugefügt nicht unter allen Umständen gesteigerte Helligkeit bewirkt, sondern daß es sich sogar gegenseitig vernichten und Dunkelheit herbeiführen kann. Die einfache Versuchsanordnung Fresnels war folgende: er ließ das Licht eines leuchtenden Punktes auf zwei Spiegel fallen und von diesen so reflektieren, daß es dieselbe Stelle eines Schirmes erreichte. Es zeigte sich, daß unter gewissen Umständen an dieser Stelle, wo man doch die doppelte Helligkeit hätte erwarten sollen, sehr scharfe helle und völlig dunkle Streifen mit einander abwechselten.

Um die besondere Anordnung der Spiegel, die zum Gelingen dieses Versuches nötig ist, zu verstehen,

beachten wir folgendes. Wenn das von einem Punkte
ausgehende Licht von einem Spiegel reflektiert wird,
so verlassen die Lichtstrahlen den Spiegel stets so,
als kämen sie von einem Punkte, der genau so weit
hinter dem Spiegel wie der leuchtende Punkt vor
demselben liegt. Es ist das eine einfache Folge des
Reflexionsgesetzes, von deren Richtigkeit sich jeder
leicht durch eine geometrische Zeichnung oder noch
einfacher, indem er sich selbst in einem Spiegel sieht,
überzeugen kann. Ich will Ihnen diese Erscheinung
durch einen sehr drastischen Versuch noch einmal
beweisen, um bei der Gelegenheit auf eine Neben-
erscheinung aufmerksam zu machen, die wir gleich
brauchen werden. Ich stelle hier eine große Spiegel-
scheibe auf und vor dieselbe nach Ihnen zu einen
Bunsenbrenner und in gleichem Abstande dahinter
einen ebensolchen. Ich zünde den auf Ihrer Seite
stehenden Brenner an, so daß er mit leuchtender
Flamme brennt, aber stelle einen kleinen Schirm um
ihn herum, so daß Sie die Flamme selbst nicht sehen
können. Sie sehen dafür das Spiegelbild der Flamme
gerade auf dem hier hinten stehenden Brenner, und,
wüßten Sie nicht, wie die Erscheinung zustande
kommt, so würden Sie auf das höchste erstaunt sein,
daß ich meine Hand hier ruhig über diesen Brenner
halten kann, ohne mich zu verbrennen. Für Sie
kommt eben das Licht von einer Flamme her, die
aus diesem hinteren Brenner zu brennen scheint. Es

ist jedoch nicht diese einfache Bestätigung des Reflexionsgesetzes, die ich Ihnen hier vorführen wollte, sondern ich wollte Sie bei dieser Gelegenheit auf folgendes aufmerksam machen. Die Spiegelglasplatte hat zwei reflektierende Flächen, und da sie ziemlich dick ist, so liegen die an beiden Flächen entstehenden Spiegelbilder ziemlich merklich auseinander; und wenn Sie nun einmal das Bild der Flamme genau ansehen, so werden Sie auch erkennen, daß es doppelt ist. Das eine Bild rührt von der Vorderfläche, das andere von der Hinterfläche her. Wenn man etwas schräg auf die Platte blickt, so sieht man sogar noch drei, vier und noch mehr Flammenbilder, die alle in einer Reihe hintereinander liegen und immer lichtschwächer werden. Die Ursache dieser vielen Bilder liegt offenbar darin, daß das Licht bei jedesmaligem Auftreffen auf die Oberfläche des Glases in zwei Teile zerfällt, von denen nur der eine in die Luft austritt, während der andere zurückreflektiert wird. So entsteht eine ganze Anzahl im Glase hin und her reflektierter Strahlen und dementsprechend die große Zahl der Spiegelbilder. Wir können die gleiche Erscheinung an jeder Fensterscheibe beobachten, wenn wir abends im Dunkeln uns ihr mit einer Kerze nähern; an unseren gewöhnlichen Spiegeln ist sie jedoch weit schlechter zu sehen, weil hier die Reflexion an der versilberten Rückfläche des Glases weit lichtstärker ist als alle anderen Reflexionen, und daher überdeckt dieses Hauptspiegelbild alle anderen. Für jetzt wollte ich nur auf diese mehrfachen Spiegelungen hingewiesen haben, weil wir sie gleich brauchen werden. Bei der Versuchsanordnung mit den Fresnelschen Spiegeln darf sie jedoch nicht störend dazwischen treten, daher muß man in diesem Falle die Rückseite der Spiegel schwärzen oder schwarzes Glas nehmen.

Um nach dieser Abschweifung auf den Fresnelschen Versuch zurückzukommen, so war die Beobachtung Fresnels, daß die Streifen nur dann sichtbar werden, wenn die an beiden Spiegeln erzeugten Bilder außerordentlich nahe beieinander lagen, wenn also der Winkel zwischen den Spiegeln ein fast gestreckter war. Der Abstand der Streifen wurde um so größer, je dichter beide Spiegelbilder zusammenrückten, und wurden die Spiegel mehr gegeneinander geneigt, so wurden die Streifen immer feiner und dichter, zugleich wurde die Zahl der nebeneinander sichtbaren Streifen geringer.

Es läßt sich dieser Fresnelsche Versuch nun zwar so wiederholen, daß er einem großen Zuhörerkreise gleichzeitig sichtbar gemacht werden kann, und daß nahezu fingerdicke dunkle Streifen mit Streifen von ausreichender Helligkeit abwechseln, doch erfordert dies eine außerordentlich feine Justierung der Spiegel, die nur sehr mühsam herzustellen ist; Fresnel selbst beobachtete die Streifen stets mit einer Lupe. Weit leichter und lichtstärker erlangen wir den Nach-

weis dieser Erscheinung durch folgende Versuchsanordnung.

Ich lasse das Licht meiner Bogenlampe aus einer
kleinen Öffnung von etwa 4 mm Durchmesser austreten, indem ich die obere Kohlenspitze möglichst
nahe hinter diese Öffnung bringe (Fig. 9); nahe vor
diese Öffnung stelle ich eine planparallele Glasplatte,

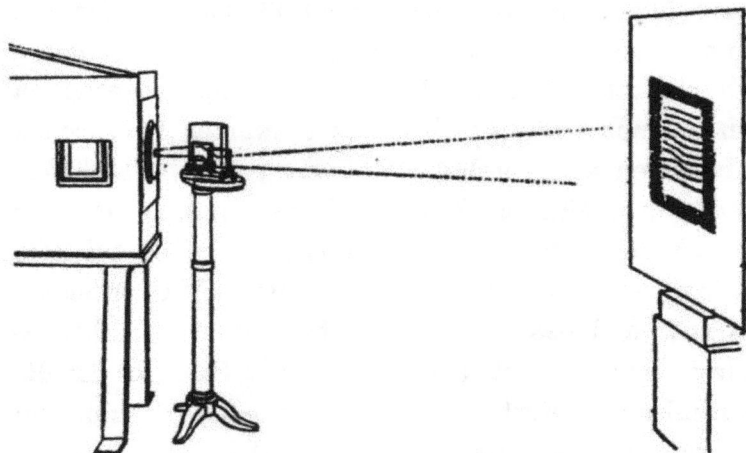

Fig. 9.

auf die die Strahlen unter etwa 45⁰ auffallen. Ein
Teil des Lichtes geht hindurch, ein Teil wird reflektiert; den durchgehenden Teil blende ich durch einen
vorgestellten Schirm ab, den reflektierten lasse ich
auf eine ganz gleiche Platte unter gleichem Winkel
auftreffen, und der von dieser reflektierte Teil fällt
jetzt auf den Schirm und erzeugt hier ein helles Feld
von der rechteckigen Gestalt der Glasplatten. Ich

brauche jetzt nur mit der Hand die zweite Platte, die möglichst parallel der ersten steht, langsam um eine vertikale Achse zu drehen, um jetzt wunderschöne helle und dunkle horizontale Streifen in dem hellen Felde auftreten zu sehen. Die Erscheinung ist offenbar symmetrisch; in der Mitte ist ein heller Streifen, dann folgen beiderseits zwei schwarze und dann folgen in stets gleichen Abständen Streifen mit immer breiter werdenden farbigen Säumen. Schalten wir ein rotes Glas in den Strahlengang, so erhalten wir einfache rote Streifen mit schwarzen in gleichen Abständen abwechselnd. Ein rein grünes Glas liefert das entsprechende Bild in Grün; vergleichen wir jedoch den Abstand der Streifen, so ist er bei dem grünen Glas kleiner als beim roten. Wir erkennen daraus, daß das farbige Bild beim weißen Licht dadurch entsteht, daß die Systeme der Streifen für die verschiedenen Farben übereinander gelagert sind, und da sie alle verschiedenen Streifenabstand haben, so überdecken sie sich ungleichmäßig, so daß dort, wo z. B. das Rot ausgelöscht ist, noch grün und blau vorhanden ist, und entsprechend für andere Farben. Neige ich die zweite Platte durch Drehen an einer Stellschraube ein wenig, so werden die Streifen enger, richte ich sie wieder auf, so werden sie wieder breiter, und ich kann sie leicht so breit machen, daß nur zwei bis drei Streifen auf der ganzen Fläche sichtbar sind; die Farben treten dann lebhafter hervor,

aber die Streifen werden auch verzerrt und unregel-
mäßig.

Um das Zustandekommen dieser Erscheinung zu
verstehen, müssen wir den Verlauf der Strahlen verfolgen, und wir machen uns denselben am besten
wieder an einer Figur klar (Fig. 10).

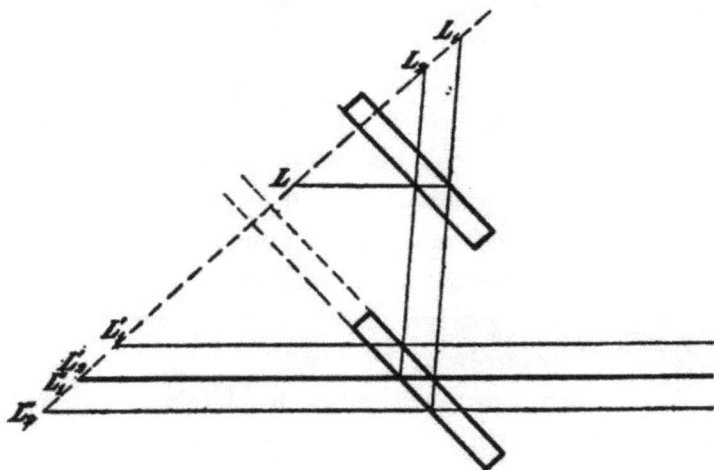

Fig. 10.

Es bedeutet hier L den Punkt, von dem das Licht
ausgeht; ein Strahl fällt auf die erste Platte, und es
entstehen hier zwei reflektierte Strahlen, die so gerichtet sind, als kämen sie von den beiden Bildpunkten L_1 und L_2 in bezug auf die vordere und
hintere Glasfläche. Diese beiden Strahlen werden an
der zweiten Platte wieder in je zwei reflektierte
Strahlen zerlegt, da sowohl L_1 wie L_2 sich an der

Vorder- und der Hinterfläche der zweiten Platte spiegeln; wir erhalten also vier Spiegelbilder L_1', L_2', L_1'', L_2''. Haben wir die Lage der Spiegelbilder richtig gezeichnet, nach der Regel, die wir eben kennen gelernt haben, und sind die Platten genau parallel und gleich dick, so fallen die Bilder L_1'' und L_2' zusammen. Denken wir jetzt die zweite Platte ein wenig um eine in der Papierfläche und in ihr selbst gelegene Achse gedreht, so treten die Bilder L_2' und L_2'' aus dieser Fläche heraus; dann aber sind L_1'' und L_2' zwei Bildpunkte, die ganz nahe übereinander liegen, und die ganz genau die gleiche Wirkung ausüben müssen, wie die beiden Bildpunkte beim Fresnelschen Spiegelversuch. Von diesen beiden Bildpunkten rührt denn auch das soeben gezeigte Streifensystem her, es sind tatsächlich Fresnelsche Streifen.

Wir wollen uns auch noch durch einen weiteren Versuch überzeugen, daß die angegebene Erklärung die richtige Deutung der Erscheinung ergibt. Ich stelle dazu zwischen die Glasplatten und den Schirm eine Linse und kann dadurch auf dem Schirm ein Bild des leuchtenden Punktes entwerfen. Wir sehen in der Tat drei runde, helle Flecken nebeneinander (siehe Fig. 11a) und erkennen durch den Vergleich mit der Figur 10, daß dies die Abbildungen der Lichtpunkte L_1', L_1'', L_2' und L_2'' sein müssen. Neige ich jetzt die zweite Platte, so rücken die drei Bilder auf dem Schirm hinauf, zugleich aber nehmen sie eine schräge

Lage ein, während sie vorher in einer Horizontalen
lagen (Fig. 11 b). Blicken wir nun genau hin, so bemerken wir, daß jetzt der mittelste Fleck sich in
zwei zerlegt, es sind tatsächlich zwei etwas gegeneinander verschobene Bilder. Ich will die Glasplatte
so weit neigen, daß die beiden mittleren Bilder um
5 mm gegeneinander verschoben sind. Nehme ich
jetzt die Linse wieder fort, so sehen wir wieder die
Streifen, allerdings sehr schmal. Ich messe nach und
finde, daß sie jetzt etwa 6 mm voneinander abstehen,

Fig. 11.

indem auf 6 cm 10 Streifen kommen. Ich richte die
Platte wieder auf, so daß die Streifen wieder breit
und deutlich werden, und will nun noch zeigen, daß
sie in der Tat durch die beiden mittelsten Bilder erzeugt werden. Ich schalte dazu die Linse wieder ein,
aber beträchtlich näher an den Schirm heran, so daß
das Streifensystem durch die Linse hindurch auf dem
Schirm entworfen wird. Es entsteht dann das Bild
der drei bezw. vier Lichtpunkte hier ziemlich nahe
hinter der Linse; an dieser Stelle kann ich aber eine
Blende aufstellen und bin nun in der Lage, nach Belieben zwei der drei Bildchen abzublenden und nur

4*

das Licht von einem hindurchzulassen. Lasse ich das
Licht von dem ersten Bild hindurch, so entstehen
gar keine Streifen, lasse ich das mittelste Bildchen
hindurch, so sind die Streifen auffallend lebhaft und
farbenrein; das dritte Bildchen schließlich enthält zwar
auch Streifen, aber nur sehr matt. Die wesentliche
Entstehung der Streifen verdanken wir also in der
Tat dem mittleren Doppelbildchen; daß das dritte
Bildchen auch Streifen erzeugt, erklärt sich leicht
durch mehrfache Reflexion in der zweiten Platte, denn
der von L_1 kommende Strahl kann nach dreimaliger
Reflexion im Innern der zweiten Platte mit dem von
L_3'' kommenden sich vereinigen. Es lagert sich also
über L_3'' noch ein weiteres, aber lichtschwaches Spiegelbild von L_1. Lasse ich noch einmal das mittlere
Bildchen allein hindurch, so bemerken Sie die lebhafte Färbung der Streifen; ziehe ich die Blende fort,
so tritt das Licht von L_1' und L_3'' hinzu und bewirkt
einen weißlichen Schleier über dem Ganzen.

Nachdem wir uns so durch den Fresnelschen
Versuch in dieser abgeänderten Form selbst überzeugt
haben, daß, wenn Licht von demselben Punkte aus
auf zwei Wegen auf einen Schirm geleitet wird, dann
ein System von Streifen entstehen kann, in welchen
sich beide Lichtstrahlen völlig vernichten, sehen wir
uns vor die wichtige Frage gestellt: welche neue
Eigenschaft des Lichtes offenbart sich in dieser Erscheinung? Ich habe zwar nicht vor, in dieser Vor-

lesung irgend welche mathematische Entwickelungen
zu bringen, um das Verständnis der Versuche zu erläutern, aber dieser eine Versuch ist so grundlegend
und die mathematische Betrachtung so einfach, daß
Sie mir vielleicht dies eine Mal eine Ausnahme ge-

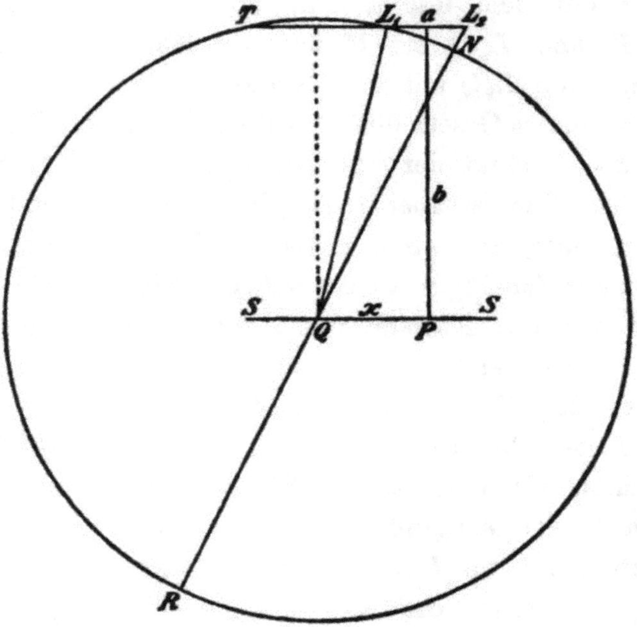

Fig. 12.

statten. Die Strahlen, die das Streifensystem bewirken, verlaufen so, als kämen sie von zwei verschiedenen Lichtpunkten, die sehr nahe beieinander
liegen. In der beistehenden Figur 12 seien dies die
Punkte L_1 und L_2; SS sei der Schirm und P der

Punkt auf demselben, der gerade in der Mitte vor L_1 und L_2 liegt. In diesem Punkte ist Helligkeit. Ich will jetzt einmal ausrechnen, wie groß der Unterschied der Wege ist von L_1 und L_2 bis nach einem Punkte Q seitlich von P. Ich ziehe dazu um Q einen Kreis mit dem Radius QL_1 und verlängere $L_2 L_1$ bis T und $L_2 Q$ bis R und bezeichne den ersten Schnitt von $L_2 Q$ mit dem Kreise mit N. Dann sagt ein bekanntes Gesetz über die Proportionen am Kreise, daß das Produkt der Strecken $L_2 L_1 \times L_2 T = L_2 N \times L_2 R$ ist. Nun ist aber $L_1 L_2$ gleich dem Abstand der Lichtpunkte, den wir a nennen wollen; $L_2 T$ ist, wie leicht aus der Figur zu übersehen, gleich $2PQ = 2x$, wenn wir den Abstand von P bis Q mit x bezeichnen. Ferner ist $L_2 N = d$, gleich dem gesuchten Unterschied der Wege $L_1 Q$ und $L_2 Q$; schließlich $L_2 R$ gleich der Summe der beiden Wege $L_1 Q + L_2 Q$. Beachten wir nun, daß in Wirklichkeit bei unserem Versuch der Abstand des Schirmes von den Lichtpunkten, den wir b nennen wollen, sehr groß ist und $L_1 L_2$ sehr klein, daß also das Dreieck $L_1 L_2 Q$ sehr lang und schmal ist und auch Q nahe bei P liegt, so folgt, daß bei unserm Versuch sowohl $L_1 Q$ als auch $L_2 Q$ für die der Symmetrieebene naheliegenden Stellen jedenfalls nur sehr wenig in der Länge sich von dem Abstande b unterscheiden, so daß $L_1 Q + L_2 Q$ wenigstens angenähert gleich $2b$ gesetzt werden kann. Aus unserer Gleichung wird daher jetzt

$a \times 2x = d \times 2b$, folglich ist $d = \dfrac{ax}{b}$; damit ist die Größe des Wegunterschiedes beider Strahlen bestimmt. Aus dieser Formel können wir aber Wichtiges herauslesen. Die Streifen auf unserem Schirm hatten alle gleichen Abstand, was besonders deutlich hervortrat, wenn wir ein farbiges, z. B. rotes Licht verwendeten. Ist daher x der Abstand von der Mitte P bis zur Mitte des ersten hellen Streifens, so liegen die Mitten der übrigen hellen Streifen in den Abständen $2x$, $3x$, $4x$ usw. Der Unterschied der Weglängen ist dann aber, wenn er für den ersten Streifen d ist, für die folgenden $2d$, $3d$, $4d$ usw. Das heißt, jede folgende Ergänzung beider Lichtstrahlen zu gesteigerter Helligkeit tritt immer ein, wenn der Unterschied der Weglängen beider Strahlen um die gleiche Größe gewachsen ist; entsprechend tritt gegenseitige Vernichtung beider Strahlen ein, wenn der Unterschied der Weglängen $\frac{1}{2}d$, $1\frac{1}{2}d$, $2\frac{1}{2}d$, $3\frac{1}{2}d$ usw. ist. Wir haben damit eine außerordentlich wichtige Beziehung zwischen dem Auftreten der Streifen und dem Unterschied der vom Lichte zurückgelegten Wege gefunden.

Bereits in der ersten Vorlesung haben wir uns mit dem Gedanken vertraut gemacht, daß das Licht ein vom leuchtenden Punkte aus mit einer bestimmten Geschwindigkeit fortschreitender Vorgang ist; aus der jetzigen Beobachtung der dunklen Streifen müssen wir folgern, daß das, was sich im Lichtstrahl fortbewegt, durchaus nicht gleichartiger Natur sein kann, sondern es muß aus in gleichmäßigen Abständen aufeinanderfolgenden Zuständen von abwechselnd entgegengesetzter Natur bestehen, derart daß stets die gleichartigen Zustände sich zu gesteigerter Lichtwirkung ergänzen, während die entgegengesetzten sich vernichten. Der Unterschied des Streifenabstandes für die verschiedenen Farben läßt uns dann weiter erkennen, daß der Abstand der aufeinanderfolgenden entgegengesetzten Zustände im roten Lichte größer sein muß als im grünen, und in diesem wieder größer als im blauen. In größerem Abstande von der Mittelebene der ganzen Erscheinung überdecken sich eine Menge verschiedener Farben, so daß dort nur noch Mischfarben sichtbar werden, die sich für unser Auge um so mehr dem Weiß nähern, je weiter wir von der Mittelebene fortgehen. Daraus erklärt sich, daß das ganze Streifensystem bei weißem Licht nur in der Nähe dieser Mittelebene sichtbar wird.

Wir sind nun weiter durch unseren Versuch auch noch imstande, den Abstand der entgegengesetzten Zustände in einem Lichtstrahl wenigstens für diejenige Farbe, die unserem Auge am hellsten erscheint, für welche also die Streifen am meisten hervortreten, das ist das Gelb, zu berechnen. Ich konnte durch Neigen der einen Platte die Streifen auf einen Abstand von 6 mm bringen, so daß das x unserer Formel gleich 6 ist, dann war der Abstand der die

Erscheinung bewirkenden Lichtbilder auf dem Schirm 5 mm. Nun stand aber hierbei die Linse 10 mal so weit vom Schirm ab als von der Lichtquelle, also ist der wirkliche Abstand der entsprechenden Spiegelbilder nur 0,5 mm; oder es ist $a = 0,5$. Der Abstand des Schirmes von der Lampe ist 5 m, also $b = 5000$ mm. Folglich wird nach unserer Formel der Abstand gleichartiger Zustände in einem Strahle gelben Lichtes

$$d = \frac{6 \times 0,5}{5000} = 0,0006 \text{ mm.}$$

Es handelt sich also hier um ganz außerordentlich kleine Größen, daher müssen auch, damit die Erscheinung überhaupt sichtbar wird, die Spiegel der Fresnelschen Anordnung so sehr genau justiert sein, und auch unser Versuch gelingt nur, wenn die beiden Glasplatten ganz genau eben geschliffen sind, und vor allem ihre Dicken sich höchstens um Bruchteile eines Tausendstel des Millimeters unterscheiden. Letzteres ist nur erreichbar, wenn sie ursprünglich in einem Stück geschliffen sind und erst nachträglich auseinandergeschnitten werden.

Welcher Art der im Lichtstrahl sich fortbewegende Vorgang ist, darüber vermögen wir natürlich nichts weiter auszusagen, als daß eben entgegengesetzte Zustände mit außerordentlicher Regelmäßigkeit aufeinander folgen müssen; wollen wir uns jedoch eine anschauliche Vorstellung von etwas derartigem machen, so ist der einfachste Vergleich der, daß wir das Licht ansehen als ein Aufeinanderfolgen regelmäßiger Wellen, denn das einfachste Beispiel der sich ausbreitenden Wellen auf der Wasseroberfläche ist eine Erscheinung, in welcher in immer gleichen Abständen Wellenberg und Wellental einander folgen, und wenn wir zwei Wellenzüge auf dem Wasser sich durchkreuzen lassen, so können wir auch die wundervollsten Interferenzen, wie die Benennung für alle derartigen Erscheinungen ist, beobachten, derart, daß zwei Wellenberge, wenn sie zusammentreffen, gesteigerte Erhebung des Wassers bewirken, während Wellenberg und Wellental sich gegenseitig aufheben. Diese bequeme Analogie der optischen Interferenzerscheinung, wie wir sie soeben kennen gelernt haben, mit den leicht zu übersehenden Wasserwellen, ist denn auch die Veranlassung, die uns von den Wellen des Lichtes sprechen läßt, und wir werden auch fortan die Größe von 0,0006 mm die Wellenlänge des gelben Lichtes nennen; für rotes Licht würden wir eine Wellenlänge von etwa 0,0007 und für violettes 0,0004 mm gefunden haben.

Wir haben bis jetzt nur eine Interferenzerscheinung, und zwar die einfachste, kennen gelernt; in Wahrheit treten derartige Erscheinungen gar nicht so selten in der Natur auf. Überall, wo durch Spiegelung an zwei Fächen Gelegenheit geboten ist, daß zwei dicht beieinander liegende Spiegelbilder entstehen, sind sie zu beobachten und bieten eine große Mannigfaltigkeit schöner Farbenwirkungen. Eine der am längsten bekannten Anordnungen, um optische Interferenzen zu

sehen, ist die des Newtonschen Farbenglases; um
diese zu zeigen, wird auf ein ebenes Spiegelglas eine
Linse von sehr geringer Krümmung gelegt. Die
gekrümmte Linsenfläche und die gegenüberliegende
ebene Fläche schließen dann eine Luftschicht ein, die
in der Mitte geradezu die dicke Null hat und von
dort her ganz allmählich dicker wird. Stelle ich nun

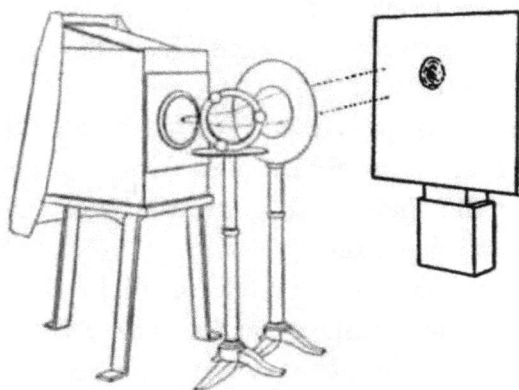

Fig. 18.

ein solches Plattensystem so in den Gang der Lichtstrahlen, daß dieselben schräg zurückgeworfen werden,
so kann ich die reflektierten Strahlen durch eine
Linse zu einem Bilde des Plattensystems auf dem Schirm
vereinigen (Fig. 13). Sie sehen, daß sich in diesem
Bilde ein System heller und dunkler zur Mitte der
Platten konzentrischer Ringe zeigt, an welchem wir
wieder die gleiche Farbenfolge wie an unseren ersten
Streifen beobachten können. Die Erklärung dieser

Ringe ist die, daß ein Lichtstrahl, der an der dünnen Luftschicht reflektiert ist, in zwei Teile zerlegt ist, die von den beiden Seiten der Luftschicht herrühren, und die sich nun um sehr geringe Weglängen unterscheiden. Jeder bestimmten Dicke der Luftschicht entspricht eine bestimmte Wegdifferenz und dementsprechend eine bestimmte Farbe; und da die Luftschicht konzentrisch von der Mitte her an Dicke zunimmt, so gruppieren sich auch die Farben in Ringen um die Mitte herum.

Entferne ich jetzt das Newtonsche Farbenglas und bringe an seine Stelle eine dünne Seifenlamelle, die ich erhalte, indem ich einen mit Stiel versehenen Drahtring in eine zähe Seifenlösung tauche und vorsichtig heraushebe, so sehe ich im Bilde der Lamelle auf dem Schirm ebenfalls mannigfaltige Farben. Es sind die Farben in denen auch die Seifenblasen im Sonnenlichte so schön schillern können; ihre Entstehung erkennen wir leicht aus dem Vergleich mit den Newtonschen Ringen, indem die Farbe an einer Stelle der Lamelle stets übereinstimmt mit der Farbe der Stelle des Newtonschen Glases, an welcher die Luftschicht eine entsprechende Dicke hat. Wir sehen, wie die Farben auf der Lamelle wandern und sich verändern, sie werden lebhafter und reiner, denn die Lamelle wird durch abfließende Seifenlösung immer dünner, und schon können wir voraussehen, wo sie am dünnsten wird, und von wo aus sie daher auseinanderreißen wird.

Aber auch zu äußerst wichtigen Anwendungen
haben diese Interferenzerscheinungen geführt. Der
Optiker, der Linsenflächen von ganz genau vorge-
schriebener Krümmung herstellen soll, bedient sich der
Erscheinung der Newtonschen Ringe. Die neu ge-
schliffene Linsenfläche wird dazu in eine Normalform,
mit der sie eine genau gleiche Krümmung haben soll,
hineingelegt, und sowie noch verschiedene Newtonsche Farben sichtbar werden, erkennt man, daß beide
Krümmungen noch nicht identisch sind. Ein geübtes
Auge kann auch sogleich an der Farbenfolge erkennen, in welcher Weise die neue Fläche noch zu
korrigieren ist, und so wird der Schleifer in den
Stand gesetzt, an der Hand der Interferenzen des
Lichtes die gewünschten Krümmungen mit einer Genauigkeit immer wieder herzustellen, gegen welche
jedes andere mechanische Meßverfahren weit zurück-
bleibt. Verläßt man nun noch das weiße Licht und
geht über zu Beobachtungen mit einfarbigem Licht,
wie es durch die gelbe Flamme des Natriums geboten wird, so ist es außerordentlich leicht, zahllose
Interferenzstreifen und Ringe bei den verschiedensten
Anordnungen zu beobachten. Es würde uns viel zu
weit führen, auch nur einen kleinen Teil derselben
zu besprechen; es muß uns genügen, darauf hinzu-
weisen, daß die feinsten Methoden der Längen-
messungen von solchen optischen Interferenzen Gebrauch machen, und daß es keine zweite Erschei-

nung gibt, mit gleicher Sicherheit und Genauigkeit
die geringsten Unterschiede in der Größe zweier
Körper zu ermitteln. Für uns muß es genügen, in
derartigen Interferenzerscheinungen den sicheren Beweis gefunden zu haben, dafür, daß sich im Lichte ein
Vorgang periodischer Natur fortpflanzt von einer ganz
außerordentlichen Regelmäßigkeit und Gesetzmäßigkeit,
dem wir als Analoges nur die Ausbreitung einer Wellenbewegung an die Seite stellen können, nur viel tausend-
mal feiner und gleichmäßiger, als wir es in irgend
welchen uns bekannten Wellen kennen.

Vierte Vorlesung.

Beweis des Prinzips des kürzesten Lichtweges. — Newtons Einwand gegen die Wellentheorie des Lichtes. — Beugungserscheinungen. — Erklärungsprinzip für die Beugung. — Bedeutung der Beugung für das Fernrohr. — Gittererscheinung. — Die Wirkung der Beugung im Mikroskop.

Ich kehre noch einmal zu unserem grundlegenden Interferenzversuch mit zwei planparallelen Platten zurück und zeige Ihnen die Interferenzstreifen wieder in derselben Weise wie das vorige Mal; nur eine kleine, scheinbar unwesentliche Änderung habe ich an den Apparaten vorgenommen, und doch berechtigt uns gerade diese Abweichung zu einem sehr wichtigen Schluß. Während ich das vorige Mal das Licht der oberen Kohlenspitze unmittelbar auf die Platten fallen und dort reflektiert werden ließ, habe ich diesmal zwischen Lampe und Platten noch eine Linse zwischengeschaltet. Diese Linse entwirft mir von der leuchtenden Kohlenspitze zunächst ein Bild, welches Sie hier an der Einschnürung des im Staube der Luft sichtbaren Strahlenbündels erkennen können, und erst dies Bild ist für die Interferenzerscheinung der Ausgangspunkt der Lichtstrahlen. Die Interferenzerscheinung ist genau die gleiche wie bei der vorigen An-

ordnung, auch wenn wir mit den schärfsten Meß-
werkzeugen die einzelnen Streifenabstände ausmessen
würden; vor allem ist der Streifenabstand für die
gleiche Farbe im ganzen Gesichtsfelde überall der
gleiche. Wir sehen daraus, daß die Ersetzung des
leuchtenden Punktes durch sein durch eine Linse
entworfenes Bild auf die Interferenz keinen Einfluß
hat. Welche Bedeutung diese Tatsache für die Natur der Fortpflanzung des Lichtes durch verschiedene
Medien hindurch hat, werden Sie sofort übersehen,
wenn Sie sich der Art des Entstehens der dunklen
Streifen erinnern. Die von dem leuchtenden Punkt
ausgehenden Strahlen waren durch die doppelte Reflexion so zerlegt, als kämen sie von zwei getrennten,
aber nahe beieinander liegenden Punkten her, und
die verschiedenen Wegdifferenzen von diesen beiden
Punkten bis zu den einzelnen Stellen des weißen
Schirmes bewirkten dann abwechselnd die gesteigerte
Helligkeit und die völlige Dunkelheit. Da nun bei
der jetzigen Anordnung die Interferenzerscheinung genau dieselbe geblieben ist, so müssen auch die Wegdifferenzen, die jetzt von dem Bildpunkte und nicht
der Kohlenspitze selbst aus zu rechnen sind, genau
die gleichen geblieben sein; das heißt aber, durch das
Zwischenschalten der Linse treten in den Strahlen-
wegen von der Kohlenspitze bis zum Bilde derselben
keine neuen Wegdifferenzen hinzu, oder, wenn wir
eine Bezeichnung aus der ersten Vorlesung hier an-

wenden, die optischen Lichtwege für alle diese Strahlen müssen gleich lang sein.

Wir sind bereits in der ersten Vorlesung auf diesen Satz, daß möglicherweise alle Lichtwege vom leuchtenden bis zum Bildpunkte gleich lang sein könnten, gestoßen, wenn wir nämlich die Vermutung aufstellten, die wir jedoch nicht beweisen konnten, daß das Licht sich in verschiedenen Medien mit Geschwindigkeiten fortpflanzt, deren Verhältnis gleich dem Brechungsquotienten der Medien gegeneinander ist. Unter dieser Voraussetzung war die Gleichheit der Lichtwege eine einfache geometrische Folgerung. Jetzt haben wir einen unzweideutigen Versuch, der diese Gleichheit der Lichtwege aufs genaueste beweist; also werden wir nunmehr zu dem Schluße berechtigt sein, daß unsere damalige Vermutung richtig war, und daß tatsächlich der Brechungsquotient das Verhältnis der Lichtgeschwindigkeiten in verschiedenen Medien richtig bestimmt, so daß also in den optisch dichteren Medien die Geschwindigkeit des Lichtes eine geringere ist als in den dünneren.

Um zu völliger Klarheit in diesen wichtigen Beziehungen zu gelangen, vergegenwärtigen wir uns einmal, was wir bisher über die Natur eines Lichtstrahles haben ermitteln können. In einem solchen Strahl schreiten eine Reihe abwechselnd entgegengesetzter Zustände in genau gleichen Abständen hintereinander her fort, genau so, wie wir die Wellen auf der Oberfläche des Wassers sich vorwärts bewegen sehen. Tritt nun ein solcher Strahl in ein Medium ein, in dem er nur langsamer vorwärts kommt, so werden die Wellen sich stauen; die Wellenlänge im dichteren Medium wird also eine kürzere sein. Diese Wellenlängen werden sich aber genau wie die Fortflanzungsgeschwindigkeiten verhalten, denn, wenn das Licht zum Beispiel im zweiten Medium nur zwei Drittel so schnell vorwärts kann wie im ersten, so wird ein Wellenberg erst um zwei Drittel der ursprünglichen Wellenlänge in dies Medium eingedrungen sein, bis der nächste Wellenberg die Grenze beider Medien erreicht. Also folgen in diesem Falle im dichteren Medium die Wellen entsprechend dichter aufeinander, als im ersten. Erinnern wir uns jetzt der Fig. 5 der ersten Vorlesung, so brauchen wir nur die dort auf den Strahlen aufgetragenen Maßstäbe als Bilder der Wellenzüge anzusehen, so erkennen wir sofort, daß auf allen Lichtwegen vom Lichtpunkte bis zum Bildpunkte genau die gleiche Zahl von Wellen Platz hat, und wir können auch sagen: zwei Lichtwege sind optisch gleich lang, wenn sie die gleiche Zahl von Wellen enthalten.

Unser Interferenzversuch gibt uns also den strengen Beweis, daß das Prinzip des kürzesten Lichtweges, wie wir es früher genannt haben, tatsächlich in der Natur befolgt wird, und daß die Newtonsche Vorstellung von der Fortpflanzung des Lichtes falsch sein muß. Zum Überfluß können wir uns auch noch vergegenwärtigen, wie denn die Interferenzerscheinung aussehen müßte, wenn Newtons Ansicht berechtigt sein sollte. Es würde dann offenbar der mittelste gerade durch die Linse hindurchgehende Strahl nicht nur geometrisch der kürzeste sein, sondern auch in dem dicken Glasstücke noch besonders wenig Wellen haben. Je stärker geneigt ein Strahl durch den Bildpunkt hindurchgeht, eine um so größere Zahl von Wellen wird er gegen den mittleren Strahl schon im Bildpunkte zurück sein. Es wird daher zwar auch noch ein Interferenzstreifensystem zustande kommen, aber da die Wegdifferenzen mit der Größe der Neigung der Strahlen jetzt zunehmen, so müssen die Streifen, je weiter wir uns von der Mitte des Bildes entfernen, immer dichter zusammenrücken. Da der Versuch uns aber überall den gleichen Streifenabstand zeigt, so kann nur unser Prinzip des kürzesten Lichtweges den Tatsachen entsprechen.

Unsere Erkenntnis über die Natur des Lichtes ist damit einen großen Schritt weiter geführt, und wir können nun dazu übergehen, den wichtigsten Einwand, den Newton gegen die Wellentheorie erhoben hat, auf seine Berechtigung zu prüfen. Wenn Wasserwellen auf ein Hindernis treffen, so gehen sie um dasselbe herum, wenn sie zwischen den Pfeilern einer Brücke hindurch gehen, so breiten sie sich jenseits der Brücke nach allen Richtungen hin aus; ebenso

5*

müßte das Licht nach Newton, wenn es durch eine Öffnung in einen Schirm tritt, sich hinter dem Schirm nach allen Seiten ausbreiten, wenn es seinem Wesen nach eine Wellenbewegung ist; die gradlinige Ausbreitung und die Entstehung scharfer Schattengrenzen wäre unmöglich. Dieser Einwand gegen die Wellentheorie des Lichtes liegt sehr nahe und veranlaßt uns denn auch, die Frage, ob denn wirklich das Licht sich unter allen Umständen genau gradlinig ausbreitet, noch einmal zu prüfen. Ich stelle dazu dicht vor meine Lampe einen vertikalen Spalt und in mäßiger Entfernung davor noch einen Spalt, so daß ich ein schmales Lichtband erhalte, das seine Spur dort auf dem weißen Schirm als hellen vertikalen Streifen zeichnet. Die seitlichen Grenzen dieses Streifens sind offenbar die Grenzen des geometrischen Schattens, der an den Seiten des zweiten Spaltes durch das vom ersten Spalt ausgehende Licht gebildet wird. Stelle ich meinen zweiten Spalt breiter oder enger, so wird auch der helle Streifen auf dem Schirm breiter und enger, genau wie es die geometrischen Schattenverhältnisse verlangen. Ich will jetzt jedoch einmal den zweiten Spalt sehr eng zusammen schieben; Sie sehen, wie zwar zunächst der helle Streifen noch schmaler wird, jetzt aber, von einer gewissen Grenze an wird er wieder breiter. Die Erscheinung ist naturgemäß ziemlich lichtschwach, denn es kommt durch den schmalen Spalt nur noch sehr wenig Licht hindurch, aber Sie werden doch bemerken können, wie der helle Streifen durchaus nicht immer schmaler wird und zuletzt in nichts verschwindet, sondern er fließt geradezu in die Breite auseinander, und die geringe Lichtmenge verteilt sich auf eine immer größere Fläche und wird dadurch schließlich nicht mehr wahrnehmbar. Wir haben hier das erste Zeichen, daß in der Tat das Licht sich nicht immer an die Grenzen des geometrischen Schattens hält, sondern bei hinreichend engem Spalt sehen wir die Strahlen weit von der geraden Linie abweichen.

Ich will diesen Versuch noch in etwas anderer Anordnung wiederholen, wodurch er etwas lichtstärker und dadurch besser sichtbar wird. Ich ersetze den zweiten Spalt durch eine Linse und entwerfe durch dieselbe ein helles Bild des ersten Spaltes auf dem Schirm. Da nun die leuchtende Kohlenspitze weiter von der Linse entfernt ist als der Spalt, so muß die Linse von dieser Kohlenspitze ein Bild an einer Stelle zwischen Linse und weißem Schirm entwerfen*). Wir finden diese Stelle leicht hier, wo das im Staube der Luft sichtbare Strahlenbündel am engsten ist. An diese Stelle bringe ich jetzt einen zweiten Spalt und kann nun durch Engerstellen dieses zweiten Spaltes die entsprechende Erscheinung be-

---

*) Auch hierbei zeigt sich unmittelbar der Vorteil, daß keine Kondensorlinse zwischen Lampe und Spalt eingeschaltet ist. Vergl. die Anm. Seite 31.

obachten wie vorhin, der Strahlengang ist dann durch
die Figur 14 dargestellt, wo L die Lichtquelle,
S_1 und S_2 die beiden Spalte, L_1 die Linse und S
den Schirm bedeutet. Ein Verstellen des zweiten
Spaltes ändert zunächst die Breite des Bildes auf dem
Schirm in diesem Falle gar nicht, sondern beeinflußt
nur die Helligkeit; mache ich jedoch den zweiten
Spalt sehr eng, so geht das Bild wieder in die Breite
auseinander. Es ist jetzt die Erscheinung hell genug,
so daß Sie noch weitere Einzelheiten werden erkennen

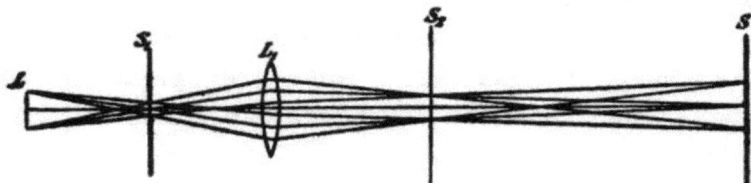

Fig. 14

können; zu beiden Seiten der mittleren hellen Fläche
im Bilde treten zunächt zwei ganz dunkle Streifen
auf, und jenseits dieser Streifen wird es wieder heller;
bei genauerem Hinsehen werden Sie sogar bemerken
können, daß noch mehrere abwechselnd helle und
dunkle Streifen auf beiden Seiten einander folgen.
Je enger ich den zweiten Spalt mache, desto weiter
rückt die ganze Erscheinung auseinander, wird aber
zugleich um so lichtschwächer.

Das Auftreten dieser hellen und dunklen Streifen
führt uns dazu, für die Erklärung dieser Erscheinung

wieder ebenso wie bei den uns bereits bekannten
Interferenzstreifen auf die periodische Natur der Lichtstrahlen zurückzugehen. Unsere Versuche haben uns
bisher nur den Beweis dafür gebracht, daß in den
Lichtstrahlen eine Periodizität bestehen muß, und, um
uns von derselben ein anschauliches Bild machen zu
können, haben wir dieselben mit Wellenzügen verglichen. Wir brauchen nur eine weitere Eigenschaft
der Wellenbewegung mit heranzuziehen, um auch die
jetzt beobachtete Erscheinung bei der Lichtausbreitung,
die unter dem Namen „Beugung des Lichtes" bekannt ist, erklären zu können. Wenn wir einen Stein
in eine freie Wasseroberfläche werfen, so wird derselbe nur diejenigen Wasserteilchen selbst in Bewegung setzen, die er trifft; wenn dann von der Einwurfstelle aus eine ringförmige Welle zentripetal sich
ausbreitet, so werden doch alle entfernteren Wasserteilchen nur dadurch in Bewegung gesetzt, daß vorher die nächstbenachbarten Teilchen von der Bewegung ergriffen sind. Jedes Wasserteilchen überträgt seine Bewegung auf das benachbarte, und daher
wird die Bewegung eines entfernteren Teiles stets die
gleiche sein, ob nun die Bewegung ursprünglich eingeleitet wurde durch einen Stein oder einen größeren
Ring, der konzentrisch zur Einwurfstelle des Steines
fallen gelassen wurde. Für die Wasserwellen beanspruchen wir ohne weiteres die Richtigkeit des Prinzips, daß die Bewegung an einer Stelle sich voll-

ständig berechnen lassen muß, wenn man nur die
Bewegung an einer zwischen dieser Stelle und dem
eigentlichen Ursprung der Wellen liegenden Zone
kennt. Übertragen wir dieses Prinzip jetzt auch auf
die Lichtwellen, so heißt das, es muß die Lichtverteilung auf dem Schirm sich vollständig bestimmen
lassen, wenn wir allein von der Lichtmenge ausgehen,
die die Fläche des zweiten Spaltes ausfüllt, denn nur
durch diese Fläche hindurch gelangt überhaupt Licht

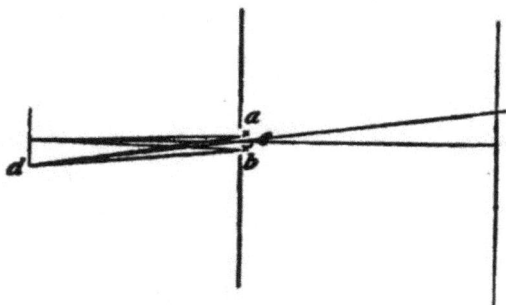

Fig. 15.

bis zum Schirm. Sehen wir aber diese Fläche als
eine Menge selbständig leuchtender Punkte an, die
sich stets alle in gleicher Leuchtphase befinden, so
läßt sich folgende Gruppierung derselben vornehmen.
In der Figur 15 sei ab der Querschnitt des zweiten
Spaltes, dieser selbst stehe senkrecht zur Ebene der
Zeichnung, und c sei die Mitte des Spaltes. Wir
können dann jedem Punkte in der Hälfte ac, z. B.
x, den entsprechend liegenden, x', in der anderen
Hälfte zuordnen, und jedes dieser Punktpaare xx'

muß auf dem Schirm das System der Fresnelschen Interferenzstreifen erzeugen. Die auf dem Schirm zustande kommende Lichtverteilung muß nach dieser Betrachtungsweise sich als die Übereinanderlagerung einer Reihe solcher Interferenzsysteme ansehen lassen, die dadurch zustande kommt, daß ein solches Streifensystem um die halbe Spaltbreite, ac, senkrecht zur Streifenrichtung verschoben ist; um diese Strecke erscheint das Streifensystem gewissermaßen verwischt. Ist nun die Spaltbreite sehr klein gegenüber der Streifenbreite, so wird diese Verwischung nur wenig Störung bewirken, und die Erscheinung müßte sich bei sehr engem Spalt immer mehr der einfachen Interferenzerscheinung nähern. Hierbei ist jedoch noch vorausgesetzt, daß auch der erste Spalt sehr eng ist, denn nur dann können wir die Punkte $x\,x'$ als einfache Lichtpunkte ansehen; hat der erste Spalt aber eine merkliche Breite, wie es bei unserem Versuche im Interesse hineinreichender Helligkeit erforderlich war, so kommt noch eine weitere Störung des einfachen Streifensystems hinzu. Ist d ein seitlich gelegener Punkt des ersten Spaltes, so erhalten die Punkte x und x' auch von hier aus Licht, dessen Wirkung sie ebenfalls nach dem Schirm hin weiter fortpflanzen. Das Interferenzsystem, das sie infolge dieser von d herkommenden Wirkung erzeugen, hat seine Mittellinie offenbar in der Richtung von d über c hinaus, seine Streifenbreite ist aber geringer als die des erstgenannten Systems, da jetzt xx' von diesem Lichtbündel schief durchsetzt wird. Die gemeinsame Wirkung dieser Interferenzen mit den vorigen ist dann die, daß innerhalb der Fläche, welche dem nach dem Prinzip der Lochkamera durch den zweiten Spalt vom ersten entworfenen Bild entspricht, die Mittellinien aller Interferenzsysteme eine gleichmäßige Helligkeit bewirken, an beiden Seiten dieser Fläche treten erst die Streifen auf, die sich aber nur auf eine kurze Strecke verfolgen lassen, da sich bald infolge der ungleichen Streifenbreite der einzelnen Systeme helle und dunkle Partien zu einem gleichmäßigen Halbdunkel verwischen.

Es würde den Rahmen dieser Vorlesung überschreiten, wollten wir uns noch genauer von der Lichtverteilung im einzelnen auf dem Schirm, wie sie sich aus derjenigen im Spalte berechnet, Rechenschaft geben, wir müssen dies der mathematischen Analyse überlassen und müssen uns hier damit begnügen, uns klar gemacht zu haben, wie eine solche Berechnung möglich ist, und den Mathematikern Glauben schenken, wenn sie uns versichern, daß tatsächlich an allen Stellen genau die gleiche Lichtverteilung aus der Rechnung sich ergibt, wie sie wirklich beobachtet wird. Als wesentlichstes Ergebnis aus diesen Überlegungen können wir jedoch das herausheben, daß, wenn wir die Lichtausbreitung genau wie eine Wellenbewegung behandeln, die Entstehung der geometrischen Schatten dadurch abzuleiten ist, daß die die grade Schattengrenze überschreitenden Lichtwellen infolge der außerordentlichen Kleinheit der Wellenlänge durch Interferenz sich gegenseitig vernichten. Der von Newton gegen die Wellentheorie des Lichtes erhobene Einwand wird damit hinfällig, die Entdeckung der Beugung des Lichtes liefert vielmehr eine wesentliche Stütze für diese Theorie.

Die hier beobachteten einfachen Beugungserscheinungen sind übrigens keineswegs selten und subtil zu beobachten; zwei Kartenblätter, in die man mit einem Messer je einen Riß geschnitten hat, genügen, um die Erscheinung zu zeigen. Blickt man durch den einen Riß nach dem parallel gehaltenen anderen, den man vor eine helle Lichtquelle hält, so sieht man die schönsten Beugungsstreifen, ja man braucht sogar nur mit halb geschlossenen Augen zwischen den Wimpern hindurch nach einer hellen Flamme zu sehen, um in der Verbreiterung des Flammenbildes die Wirkung der Beugung wiederzuerkennen. Ersetzen wir den Spalt durch ein Loch, so erkennen wir jetzt auch, warum die Bilder der Lochkamera mit abnehmender Lochgröße nicht immer schärfer werden; sobald die Öffnung unter eine gewisse Größe herabgeht, treten eben die Beugungserscheinungen ein und verwischen die beste Schärfe. Auch eine sehr große praktische Bedeutung hat diese Beugung des Lichtes, das ist ihre Wirkung in bezug auf die Leistungen der

Fernrohre. Halten wir ein Fernrohr gegen einen hellen Hintergrund, so können wir stets nahe vor dem Okular ein helles Scheibchen scheinbar in der Luft schwebend erblicken; es ist dies der sogenannte Okularkreis, und dieser ist das von der Objektivlinse durch das Okular entworfene Bild, wie man sich leicht überzeugt, wenn man die Hand teilweise vor das Objektiv hält, ihr Bild entsteht dann auch im Okularkreis. Alle Strahlen, die in das Auge gelangen sollen, müssen durch diesen Okularkreis hindurchgegangen sein. Nun lehrt die geometrische Optik, daß die Vergrößerung eines Fernrohrs gleich dem Verhältnis des Objektivdurchmessers zu demjenigen des Okularkreises ist, will man also eine hundertfache Vergrößerung haben, so muß das Objektiv den hundertfachen Durchmesser des Okularkreises haben. Wir können aber den Okularkreis nicht beliebig klein wählen, denn er wirkt wie eine kleine Blende und würde bei zu geringem Durchmesser Beugungserscheinungen bewirken, die die Bildschärfe stören und die gesteigerte Vergrößerung nutzlos machen; folglich muß der Objektivdurchmesser entsprechend groß gewählt werden. Das ist der Grund, weshalb die Objektive der großen astronomischen Fernrohre so außerordentlich große Linsen sein müssen, obwohl man doch z. B. bei Sonnenbeobachtungen durch diese großen Linsen eine Lichtfülle in das Fernrohr bekommt, die man Mühe hat, durch schwarze Gläser wieder weit genug

herabzublenden. Da ferner ein gewisser Grad der
Beugung am Okularkreis unter allen Umständen übrig
bleibt, so ist eine weitere Folge, daß leuchtende
Punkte, wie die Fixsterne es für uns sind, niemals
wirklich als Punkte abgebildet werden, sondern als
ganz kleine Beugungsscheiben, die noch von Beugungs-
ringen umgeben sind. Die Größe dieser Scheibchen
hängt nur ab von den Dimensionen des Fernrohrs
und nicht von der Größe der Sterne. Daher erscheinen auch alle Fixsterne gleich groß nur von ungleicher Helligkeit, so daß bei einzelnen die nächsten
Ringe noch sichtbar sind, bei den schwächeren dagegen nicht mehr.

Kehren wir nach dieser Abschweifung wieder zurück zu unseren Versuchen, so erhalten wir eine auf
ganz analoge Weise abzuleitende Beugungserscheinung,
wenn wir nicht einen Spalt sondern eine ganze Reihe
gleich breiter Spalten in gleichen Abständen verwenden. Ich ersetze den zweiten Spalt jetzt durch
ein Glasgitter, das ist eine Glasplatte, in welche eine
ganze Reihe feiner Linien dicht neben einander ein-
geritzt sind. Die Risse im Glas sind für das Licht
undurchlässig und entsprechen den Spaltbacken, die
dazwischen stehen gebliebenen Flächen den Spalten.
Es sind auf diesem Gitter etwa 38 Linien auf dem
Millimeter, und die geritzte Fläche ist etwa einen
halben Quadratzentimeter groß. Dieses Gitter an die
Stelle des Spaltes S_2 gesetzt (vergl. Fig. 14) ruft eine

prachtvolle Beugungserscheinung hervor; zu beiden
Seiten der Mittellinie werden eine ganze Reihe schöner
Spektren sichtbar. Schalte ich ein rotes Glas in den
Strahlengang, so sehen wir eine ganze Zahl, beiderseits 7 bis 10, je nach der Helligkeit, roter Streifen
die durch ganz dunkle Flächen getrennt sind. Schalte
ich ein grünes Glas ein, so entsteht ein entsprechen-
des Streifensystem, nur daß der Streifenabstand jetzt
geringer ist. Die Entstehung der Spektren und, in
größeren Abständen von der Mitte, die dem Weiß
sich immer mehr nähernden Mischfarben erklären
sich leicht aus der Übereianderlagerung der verschiedenfarbigen Streifensysteme. Wir erhalten mit
einem Blick eine Übersicht über die Zusammensetzung
der einzelnen Mischfarben, wenn wir einmal den ersten
Spalt sehr niedrig machen, so daß auch unsere Streifen
alle nur ganz kurz werden; füge ich jetzt noch das
geradsichtige Prisma in den Strahlengang ein, am
besten dicht hinter dem Gitter, jedoch so, daß es
eine Dispersion des Lichtes von unten nach oben bewirkt, so sind alle violetten Teile der Interferenzfigur
am meisten nach oben gerückt, die roten nach unten.
Die ganze Erscheinung sieht also jetzt so aus, wie die
Fig. 16 darstellt. Die Mittellinie ist ein schmales
Spektrum gewöhnlicher Art, dessen Rot unten liegt.
Beiderseits liegen eine Reihe ähnlicher Spektren, die
jedoch mit ihren unteren roten Enden fächerförmig
auseinander gehen. Schneiden wir aus dieser Figur

einen schmalen, horizontalen Streifen heraus, so treffen
wir überall die gleiche Farbe und erhalten das
Streifensystem, das dieser Farbe zukommt. Schneiden
wir dagegen einen vertikalen Streifen heraus, so erhalten wir diejenigen verschiedenen Farben, welche
die Mischfarbe der mit unzerlegtem weißen Licht entworfenen Beugungserscheinung an der betreffenden
Stelle aufweist; wir haben das Spektrum dieser Misch-

Fig. 16.

farbe. Wir sehen jetzt ohne weiteres, daß die Mischfarben, je weiter wir uns von der Mitte entfernen, sich aus
desto mehr Einzelfarben zusammensetzen; ihr Spektrum
zeigt desto mehr und desto schmalere dunkle Streifen.
Es ist wichtig, diesen Charakter der Mischfarben, wie
sie beim Übereinanderlagern derartiger Streifensysteme
entstehen, im Gedächtnis zu behalten, da wir denselben noch mehrfach begegnen werden, und dann ein
Zurückgreifen auf dieses Bild das Verständnis der
beobachteten Farben wesentlich erleichtern wird.

Wir wollen jetzt noch auf ein anderes, wichtiges Eingreifen der Beugungserscheinungen in die Entstehung optischer Bilder eingehen, und dabei wird sich in auffallender Weise bestätigen, daß unsere Ableitung der Lichtverteilung auf einem Schirm aus derjenigen in irgend einer zwischen der Lichtquelle und dem Schirm liegenden Zone tatsächlich den Verhältnissen entspricht. Wenn wir das Bild eines feinen Gitters mit dem Mikroskop entwerfen und verwenden zur Beleuchtung eine spaltförmige Lichtquelle, so haben wir die Anordnung: leuchtender Spalt, Gitter, Mikroskoplinse, Okularlinse, Schirm, und auf dem Schirm das Bild des Gitters (siehe Fig. 17). Offenbar muß dann zwischen Mikroskoplinse und Schirm eine Stelle sein, wo das Bild des Spaltes entsteht, und da ein Gitter zwischengeschaltet ist, so muß hier jetzt die Beugungserscheinung entstehen, die wir eben kennen gelernt haben. Ich zeige Ihnen diese, indem ich das Okular an die Mikroskoplinse heranführe, sie entwirft dann in einer bestimmten, in der Figur gestrichelten Stellung, ein helles Bild der Spektren auf dem Schirm. Die Ebene, wo die Spektren entstehen, liegt hier etwa 2 cm hinter der Mikroskoplinse und ist in Figur 17 mit B bezeichnet; an dieser Stelle kann ich nun Blenden verschiedener Gestalt einschieben. Wenn es nun wahr ist, wie wir bei der Ableitung der Beugungserscheinungen eben als zulässig betrachtet haben, daß die ganze Lichtverteilung in dem Bilde des Gitters

auf dem Schirm sich berechnen lassen muß aus der
Verteilung des Lichtes in irgend einer Zwischenebene,
zum Beispiel der Ebene, wo die Spektren entstehen,
so muß auch das Bild des Gitters ein anderes werden,
wenn ich die Lichtverteilung in der Ebene der Spektren
künstlich verändere, indem ich Teile herausblende.
In gewissen einfachen Fällen können wir auch ohne

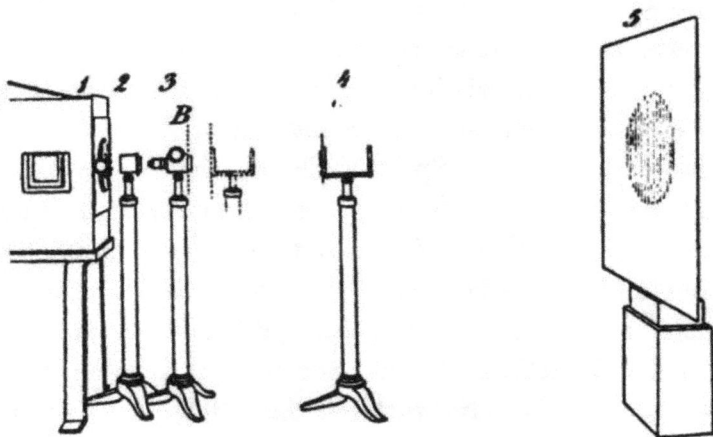

Fig. 17.
1 Lampe mit Spalt, 2 Gitter, 3 Mikroskoplinse, 4 Okularlinse, 5 Schirm.

Rechnung die im Bilde zu erwartende Änderung
voraussehen; hätten wir zum Beispiel ein Gitter von
doppelter Strichzahl abzubilden, so würde die Beugungsfigur sich nur dadurch von der jetzigen unterscheiden,
daß die Spektren überall die doppelten Abstände
haben. Eine solche Beugungsfigur kann ich aber aus
der hier vorhandenen sofort herstellen, wenn ich eine
Blende einschiebe, die von den vorhandenen Spektren

Classen, Natur des Lichts.   6

immer gerade jedes zweite herausblendet. Ist also die vorgetragene Beugungstheorie richtig, so muß jetzt nach Einschieben einer derartigen Blende auf dem Schirm das Bild eines Gitters von doppelter Strichzahl auftreten. In der Tat werden Sie folgendes beobachten. Die kleine hier eingeschaltete Blende, die die Spektren herausblenden soll, ist um die Strahlrichtung drehbar; stelle ich sie quer zu den Spektren, so läßt sie von allen Spektren etwas hindurch, und wir haben jetzt wieder das einfache sehr deutliche Gitterbild. Drehe ich die Blende um 90°, so daß sie jetzt nur jedes zweite Spektrum hindurchläßt, so scheint zunächst das ganze Bild zu verschwinden und einer gleichmäßigen Helligkeit Platz zu machen. Beim genaueren Hinsehen bemerken wir jedoch, daß die Gitterstriche doch noch da sind, daß jetzt aber in der Tat zwischen denselben überall noch neue Striche sichtbar sind; wir haben also wirklich das Bild eines Gitters mit doppelter Strichzahl.

Damit ist aber die Wichtigkeit der Lichtverteilung in einer Zwischenebene für die Entstehung eines Bildes auf das augenscheinlichste bewiesen, und damit zugleich die Berechtigung unserer Herleitung der Beugungserscheinungen noch einmal bestätigt. Für die Abbildung durch das Mikroskop ergibt sich hierdurch aber noch weiter folgendes. Je feiner eine Struktur ist, desto weiter gehen die Beugungserscheinungen, die sie hervorruft, auseinander. Ein Bild der Struktur

kann aber nur zustande kommen, wenn wenigstens
die mittleren lichtstärkeren Teile des Beugungsbildes
durch die Fassung der Mikroskoplinse nicht abgeblendet
werden. Daher muß, je feiner die zu untersuchende
Struktur ist, der Strahlenkegel, den die Mikroskoplinse
noch aufzunehmen vermag, um so größer sein, damit
er eben noch möglichst viel von der Beugungsfigur
umfassen kann. Die Öffnung dieses Strahlenkegels
mißt der Optiker durch die Zahl, die man die „Apertur"
des Objektivs nennt, und dadurch ist die Bedeutung
der Apertur für die Leistungsfähigkeit eines Objektivs
klargestellt. Die Grenze der Leistungsfähigkeit der
Objektive ist dadurch beschränkt, daß man diese
Apertur nicht beliebig groß wählen kann, sondern
durch die Natur der Verhältnisse daran gebunden ist,
daß die Öffnung des Strahlenkegels 180⁰ nicht überschreiten kann. So sehen wir, daß ebenso wie beim
Fernrohr auch beim Mikroskop die Beugungserscheinungen es sind, die den Leistungen dieser Instrumente
ihre Grenze setzen. Ferner sind auch die Beugungserscheinungen um so weniger ausgedehnt, je kürzer
die Wellen des angewendeten Lichtes sind; darauf
beruht es, daß dort, wo das Auge, das vorwiegend für
Licht von der Wellenlänge des gelben Lichtes empfind-
lich ist, im Mikroskop die feinen Strukturen nicht
mehr aufzulösen vermag, die Photographie, die sich
der viel kürzeren violetten Lichtwellen bedient, noch
deutlich die Bilder zerlegen kann.

Fünfte Vorlesung.

Doppelbrechung im Kalkspat. — Polarisiertes Licht. — Nikolsches Prisma. — Versuche mit einer Quarzdoppelplatte. — Interferenz polarisierten Lichtes. — Die Lichtwellen sind Transversalwellen.

Wir wenden uns jetzt einem neuen Erscheinungs- gebiete zu, zu dem die Lichtstrahlen Veranlassung geben, und kehren zu dem Zweck noch einmal zu den einfachen Gesetzen der Spiegelung und Brechung zurück. Als wir in der ersten Vorlesung einen Lichtstrahl auf eine Wasserfläche fallen ließen, da beobachteten wir, daß er in zwei Teile zerlegt wurde, einen reflektierten und einen gebrochenen, und wir leiteten die einfachen Ge- setze der Spiegelung und Brechung ab. Wir nahmen dann an, daß, was wir so am Wasser und am Glase und an vielen durchsichtigen Körpern beobachteten, auch für alle gültig sein würde. Wir werden jetzt sehen, daß diese Annahme nicht immer zutreffend ist. Ich lasse jetzt das Licht meiner Lampe unter Zwischen- schaltung einer Beleuchtungslinse auf eine kreisförmige Blende von $1^1/_2$ cm Durchmesser fallen und entwerfe dann vermittelst einer Linse ein Bild dieser Blende auf dem Schirm (siehe Fig. 18). Schalte ich dann an irgend einer Stelle eine planparallele Glasplatte

oder ein mit Wasser gefülltes Gefäß mit parallelen
Wänden in den Strahlengang ein, so wird dadurch
das Bild auf dem Schirm nicht verändert, da durch
die Einschaltung eines solchen durchsichtigen Körpers
die Richtung der Strahlen nicht verändert wird, nur
wenn ich die Platte zwischen Linse und Blende

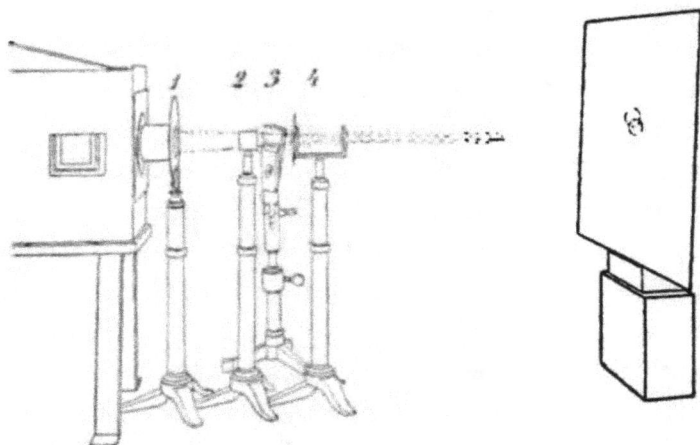

Fig. 18.
1 Kondensorlinse, 2 Blende, 3 Kalkspat, 4 Projektionslinse.

bringe, muß ich die Linse etwas weiter zum Schirm
hinrücken, um volle Bildschärfe zu erhalten, da die
Blende durch diese Zwischenschaltung der Linse scheinbar näher gerückt ist, ähnlich wie die Gegenstände
am Grunde des Wassers uns stets gehoben erscheinen.
Wiederhole ich jetzt jedoch diesen Versuch, indem
ich diesen klaren, großen Kristall aus Kalkspat in
den Strahlengang einschalte, so tritt eine neue Er-

scheinung ein. Befindet sich der Kristall an irgend einer Stelle zwischen Linse und Schirm, so wird der Rand des Bildes an zwei gegenüberliegenden Stellen unscharf, und bei genauerem Hinsehen bemerken wir, daß ein vollständiges Doppelbild entstanden ist, das zweite ist um ein geringes, etwa einen halben Zentimeter, gegen das erste nach der Seite verschoben. Für die Größe der eingetretenen Verschiebung ist es ganz gleichgültig, an welcher Stelle zwischen Linse und Schirm der Kristall eingefügt wird. Fügen wir den Kristall zwischen Blende und Linse ein, so sehen wir wieder zwei Bilder der Blende entstehen, aber jetzt sind dieselben sehr viel weiter gegeneinander verschoben, so daß sie sich nur noch mit einem Teile, etwa zwei Drittel, überdecken, aber für die Größe der Verschiebung beider Bilder gegeneinander ist es wieder völlig gleichgültig, an welcher Stelle zwischen Linse und Blende der Kristall sich befindet. Diese Erscheinung zeigt uns zunächst, daß das Licht, welches den Kristall durchsetzt, in zwei Teile zerlegt ist; die Richtung der Strahlen ist in beiden Teilen die gleiche geblieben, wie vor dem Eintritt in denselben, denn sonst müßte die Stelle, an der der Kristall eingefügt ist, die Größe der Verschiebung in anderer Weise beeinflussen; es ist offenbar nur die ganze Strahlengruppe des einen Teils um $^1/_2$ cm seitlich gerückt. Daß dann bei Einfügen des Kristalls zwischen Blende und Linse die Verschiebung der Bilder so groß wird, erklärt

sich ohne weiteres daraus, daß jetzt der eine Teil
der Strahlen so auf die Linse trifft, als käme er von
einer Blende, die um $1/_2$ cm gegen die wirkliche Blende
verschoben ist. Es wird also in diesem Falle die
Verschiebung der Teile gegeneinander mit vergrößert.
Die beistehende Figur 19 wird dies ohne weitere Er-
läuterung deutlich machen.

Wir haben hier also in der Tat eine Abweichung
von den einfachen Brechungsverhältnissen; das durch
den Kristall dringende Licht besteht aus zwei Teilen,

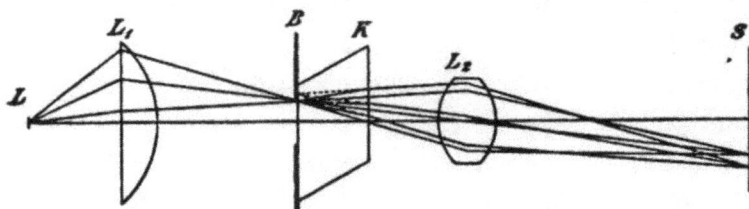

Fig. 19.

wir haben nicht einen, sondern zwei gebrochene Strahlen;
der Kristall ist doppelbrechend. Lege ich jetzt den
Kristall mit seiner einen Fläche an die Blende heran
und drehe ihn langsam um die Strahlrichtung, so sehen
Sie, wie das eine Bild unverändert seine Lage behält,
es ist das die gleiche Stelle, an der es sich bereits
vor der Einschaltung des Kristalls befand. Das andere
Bild dagegen wandert mit der Drehung des Kristalls
herum. Offenbar können nur die Strahlen, die das
erste Bild erzeugen, dem bekannten Brechungsgesetz
folgen, denn nach diesem Gesetz kann ein von parallelen

Flächen begrenzter Körper die Lage des Bildes nicht beeinflussen. Man nennt daher auch diese ganze Strahlengruppe die „ordentlichen" Strahlen, die Strahlen dagegen, die das mit der Drehung des Kristalls herumwandernde Bild erzeugen, heißen die „außerordentlichen" Strahlen; ihr Verlauf im Kristall muß offenbar durch andere Regeln, als das Brechungsgesetz ergibt, zu bestimmen sein. Wir bestimmen die Richtung, nach welcher das Bild der außerordentlichen Strahlen verschoben ist, aus der Kristallform in folgender Weise. Alle Seitenflächen des Kristalls sind Rhomben mit einer langen und einer kurzen Diagonale; die Verschiebung des außerordentlichen Bildes geschieht nun stets in der Ebene, die durch die kurze Diagonale der senkrecht zum Strahl liegenden Rhombenflächen und die Strahlrichtung gelegt werden kann; und in dieser Ebene wieder nach der Seite, nach welcher die Austrittsfläche des Kristalls gegen die Eintrittsfläche verschoben ist. Die Größe der Verschiebung selbst hängt ab von der Dicke des Kristalls, wie wir durch Einfügen verschieden großer Kristalle sehen. Die Verlegung der Strahlen um $1/2$ cm entspricht einer Kristalldicke von fast 4 cm. Wir haben damit eine Abweichung von den gewöhnlichen Regeln der Lichtbrechung kennen gelernt, wir werden jetzt auch eine solche von den Regeln der Spiegelung finden. Lasse ich zunächst den Kalkspat an seiner Stelle neben der Blende in der Stellung, daß die kurze Diagonale senkrecht steht, und lasse die aus der Linse austretenden Strahlen an einer schräggestellten Glasfläche reflektieren, so daß die beiden Bilder oben an der Decke des Zimmers entstehen müßten, so sehen wir, daß jetzt nur ein Bild dort oben sichtbar wird, das andere Strahlenbündel wird gar nicht mit reflektiert. Drehe ich den Kristall, so tritt auch das zweite Bild wieder auf, und das erste wird schwächer. Da das jetzt auftretende Bild sich beim Drehen des Kristalls um das erste herumbewegt, so ist es das außerordentliche, und das zuerst allein reflektierte ist das ordentliche. Ist die Drehung des Kristalls soweit erfolgt, daß die kurze Diagonale wagerecht liegt, so ist jetzt das ordentliche Bild erloschen, und nur das außerordentliche ist sichtbar. Das entsprechende wiederholt sich, wenn wir allmählich eine volle Umdrehung des Kristalls um 180⁰ ausführen; die ordentlichen Strahlen werden reflektiert, wenn die kurze Diagonale senkrecht steht, die außerordentlichen, wenn sie wagerecht liegt. In den Zwischenstellungen geht die Helligkeit beider Bilder stetig von der größten Helligkeit zum völligen Erlöschen über. Drehen wir jetzt den Spiegel, so daß er das Licht nicht nach oben, sondern horizontal hierher an die Wand wirft, so machen wir hier die gleiche Beobachtung, daß je nach der Stellung des Kristalls die Bilder auftreten und verschwinden, nur verschwindet jetzt das ordentliche Bild, wenn die kurze Diagonale senkrecht steht, und das außerordentliche, wenn sie wagerecht liegt. Nennen wir an einem Spiegel die Ebene die Reflexionsebene, in welcher der auftreffende und der reflektierte Strahl liegen, so können wir die Regel, nach welcher Reflexion der den Kristall verlassenden Strahlen eintritt, auch folgendermaßen aussprechen: der ordentliche Strahl wird reflektiert, wenn die kurze Diagonale der Endfläche des Kristalls in der Reflexionsebene, der außerordentliche, wenn diese Diagonale senkrecht zur Reflexionsebene liegt. Aus diesen Versuchen folgt, daß den Lichtstrahlen bei ihrem Durchtritt durch den Kristall eine neue Eigenschaft erteilt wird, die sich nur charakterisieren läßt nach einer durch die Strahlrichtung gelegten Ebene. Man sagt: die Strahlen sind „polarisiert", und zwar ist der ordentliche Strahl polarisiert in der Ebene, die durch die kurze Diagonale geht, dies ist seine „Polarisationsebene", und die Polarisationsebene des außerordentlichen Strahles liegt senkrecht zu dieser Diagonale. Ferner sehen wir, daß ein polarisierter Strahl dann am vollständigsten von unserer Glasplatte reflektiert wird, wenn die Polarisationsebene mit der Reflexionsebene zusammenfällt; stehen beide Ebenen aufeinander senkrecht, so tritt keine Reflexion ein.

Wir haben bisher die Eigenschaft polarisiert zu sein nur an den Strahlen, die durch den Kristall gegangen sind, wahrgenommen, diese Eigenschaft ist indessen durchaus nicht an den Kristall gebunden. Entfernen wir vielmehr den Kristall ganz, so ist jetzt

auch das von der schräggestellten Glasplatte reflektierte Licht polarisiert; denn, stellen wir die Glasplatte so, daß die Strahlen horizontal reflektiert werden,
so können wir dieselben von einer zweiten Platte
reflektieren lassen. Stellen wir diese der ersten
parallel, so werden die Strahlen wieder horizontal
reflektiert, und wir können das Bild der Blende auf
einem Schirm sichtbar machen. Drehen wir jetzt
jedoch die zweite Platte um die Strahlrichtung, so
daß jetzt das Licht an die Decke geworfen wird, so
sehen Sie, daß ein Erlöschen des Bildes eintritt. Wir
haben daher mit gleichem Rechte, wie vorhin das den
Kristall verlassende Licht, jetzt auch das von der
ersten Platte reflektierte Licht polarisiert zu nennen
und sehen, daß die Polarisationsebene des reflektierten
Lichtes mit der Reflexionsebene zusammenfällt. Diese
Polarisation bei der Reflexion ist jedoch nicht immer
vollständig, geben wir den Platten andere Neigungen
gegen die auffallenden Strahlen, so tritt kein vollständiges Auslöschen des zum zweitenmal reflektierten
Lichtes ein; die Polarisation ist unvollständig. Die
genauere Untersuchung dieser Verhältnisse hat gezeigt,
daß eine vollständige Polarisation bei der Reflexion
nur unter einem ganz bestimmten Einfallswinkel stattfindet. Die Regel, nach welcher dieser Winkel zu
finden ist, ist so einfach und interessant, daß ich sie
doch nicht unerwähnt lassen möchte, wenn wir auch
später keinen Gebrauch davon machen werden. Beim

Auftreffen eines Strahls auf eine glatte Fläche zerfällt
er im allgemeinen in einen reflektierten und einen
gebrochenen Strahl. Verfolgen wir die verschiedenen
Neigungen der drei vorhandenen Strahlen zueinander
bei verschiedenen Einfallswinkeln, so wird sich stets
ein Einfallswinkel finden, bei welchem der einfallende
und der gebrochene Strahl aufeinander senkrecht
stehen. Für diese Einfallsrichtung ist der reflektierte
Strahl vollkommen polarisiert.

Die Tatsache, daß das von einer Glasplatte reflektierte Licht, wenigstens wenn die Reflexion unter
diesem einen günstigsten Winkel, dem „Polarisations-
winkel", eintritt, stets vollständig polarisiert ist, auch
wenn es vorher gar nicht polarisiert war, gestattet
uns jetzt die Regel der Reflexion polarisierten Lichtes
in folgender Form auszusprechen: ist die Polarisationsebene des einfallenden Lichtes zu derjenigen des reflektierten senkrecht, so findet keine Reflexion statt; es
wird um so mehr Licht reflektiert, je kleiner der
Winkel zwischen beiden Polarisationsebenen ist. Wir
können uns die Vorstellung bilden, das auffallende,
polarisierte Licht werde im zwei Teile zerlegt, der
eine Teil ist in der Reflexionsebene polarisiert, der
andere senkrecht dazu; nur der erstere gelangt zur
Reflexion, und die Größe beider Teile richtet sich
nach dem Winkel zwischen der Polarisations- und der
Reflexionsebene. Eine einfache photometrische Ausmessung der Helligkeit des reflektierten Lichtes ge-

stattet die Regel zu bestimmen, nach welcher die Zerlegung des einfallenden Lichtes in diese beiden Teile geschehen muß, um den beobachteten Tatsachen zu genügen. Wohl die einfachste Regel, die wir erwarten können, würde folgende sein: Wir denken eine Ebene senkrecht zur Richtung des einfallenden Strahles gelegt, und in dieser die Spuren der Polarisations- und der Reflexionsebene gezeichnet (Fig. 20).
Auf der Spur der ersteren sei die Helligkeit des einfallenden Lichtes als Strecke aufgetragen (*OA*) und von *A* aus ein Lot (*OB*) auf die andere Spur gefällt. Diese Zerlegung entspricht der in den verschiedensten Gebieten angewendeten Komponentenzerlegung nach dem

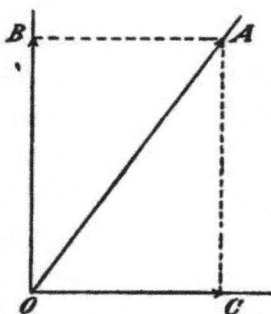

Fig. 20.

Parallelogramm der Kräfte; das Lot *AC* auf die zu *OB* senkrechte Linie würde in *OC* die Komponente begrenzen, die nicht mit reflektiert wird. Die direkte Ausmessung der Helligkeiten des einfallenden und des reflektierten Lichtes ergibt nun noch keine Helligkeitsverhältnisse, die einfach den Längen der Strecken *OA* und *OB* zahlenmäßig entsprechen, auch nicht, wenn wir noch berücksichtigen, daß bei der Reflexion ein bestimmter Bruchteil des Lichtes in das Glas eindringt und für die Reflexion verloren geht. Vergleichen wir die beobachteten Helligkeiten jedoch genauer, so finden wir, daß dieselben den Quadraten der Strecken OA und OB genau proportional verlaufen. Dieses Ergebnis der Beobachtung ist von großer praktischer Bedeutung, denn es gestattet jetzt stets von der Zerlegung des polarisierten Lichtes in zwei zu einander senkrechten Komponenten zu sprechen, und diese Zerlegung, wie oben ausgeführt, graphisch vorzunehmen, wenn man dabei nur im Auge behält, daß man aus der graphischen Darstellung das wirkliche Helligkeitsverhältnis erst erhält, wenn man die graphisch gefundenen Zahlenwerte noch mit sich selbst multipliziert. Verhält sich also $OA : OB$ wie 3 zu 2 so ist das wirkliche Helligkeitsverhältnis 9 : 4.

Kehren wir jetzt wieder zurück zu den Erscheinungen an unserm Kalkspatkristall, so werden wir erwarten dürfen, daß, wenn wir bereits polarisiertes Licht den Kristall durchsetzen lassen, daß dieses Licht sich nicht mehr stets gleichmäßig auf die beiden aus dem Kristall austretenden Strahlen verteilen wird, sondern es wird auf die Helligkeit jedes dieser Strahlen ein solcher Anteil kommen, wie nach der Zerlegung des einfallenden Lichtes in die beiden Komponenten, die den Polarisationsebenen im Kristall entsprechen, sich ergibt. Von der Richtigkeit dieser Erwartung überzeugen wir uns leicht durch den Versuch selbst. Ich lasse jetzt den aus der Lampe kommenden Strahlenkegel erst auf die schräg gestellte Glasplatte fallen und horizontal hierher nach der Wand reflektieren.

In den reflektierten Strahl bringe ich dann wieder die Blende und die Linse, die das Bild der Blende jetzt auf der Wand entwirft. Halte ich jetzt den Kristall zwischen Blende und Linse, so haben wir wieder die doppelten Bilder, und drehe ich den Kristall, so wechseln die Bilder ihre Helligkeit; steht die kurze Diagonale senkrecht, so ist nur das bewegliche, außerordentliche Bild sichtbar, steht sie wagrecht, so ist nur das ordentliche Bild vorhanden. Die Regel, nach der das polarisierte Licht hierbei zu zerlegen ist, würden wir durch photometrische Ausmessung der Helligkeiten der Bilder wieder vollständig betätigt finden.

Nachdem wir so zunächst die Grundeigenschaften des polarisierten Lichtes kennen gelernt haben, ist es für die weiteren Versuche mit polarisiertem Licht sehr wertvoll, daß wir eine Versuchsanordnung kennen lernen, die gestattet ein einzelnes Bündel vollständig polarisierten Lichtes großer Helligkeit zu erhalten; der einfache Kristall liefert uns stets zwei Bündel senkrecht zueinander polarisierten Lichtes, die sich größtenteils durchdringen, und das an der Glasplatte reflektierte Licht ist wesentlich lichtschwächer und bringt auch die Unbequemlichkeit mit sich, daß die Strahlen aus ihrer ursprünglichen Richtung weit abgelenkt werden. Der Physiker Nikol hat eine Kristallkombination angegeben, die beiden Übelständen abhilft. Schneidet man einen längeren Kalkspatkristall so durch, wie in der Figur 21 angedeutet ist,

und kittet dann beide Hälften mit Kanadabalsam
wieder zusammen, so ist die gewünschte Aufgabe gelöst.
Die kurze Diagonale der Endflächen liegt hierbei in
der Ebene der Zeichnung, tritt daher jetzt ein Strahl
in der Längsrichtung des Kristalls in diesen ein, so
zerfällt er in den ordentlichen der in der Ebene der
Zeichnung, und den außerordentlichen der senkrecht
dazu polarisiert ist. Der ordentliche wird in diesem
Falle an der Eintrittstelle stärker gebrochen, und
wenn er die Kanadabalsamschicht erreicht, so sind die

Fig. 21.

Winkel so gewählt, daß er hier total reflektiert wird;
er dringt also gar nicht durch die Kristallkombination
hindurch. Der außerordentliche Strahl kann dagegen
die Kanadabalsamschicht passieren und es tritt daher
aus dieser „Nikolsches Prisma" oder einfach „Nikol"
genannten Kombination nur ein einziger Strahl aus,
der senkrecht zur kurzen Diagonale der Endfläche
polarisiert ist. Ich habe hier zwei solche Nikolsche
Prismen und indem ich eines derselben in den Strahlengang vor der Blende einschalte, und den Kalkspatkristall wieder hinter die Blende bringe, überzeugen
wir uns leicht, daß die Nikols in der Tat vollkommen

polarisiertes Licht liefern und daß die Polarisationsebene die eben genannte Lage hat. Es ist zweckmäßig,
an der Fassung der Nikols einen Zeiger anzubringen,
der die Lage der Polarisationsebene allen jederzeit
sichtbar macht. Entferne ich den Kristall und setze
dafür den zweiten Nikol hinter die Linse, so sehen
Sie, daß Helligkeit eintritt, wenn die Zeiger beider
Nikols parallel stehen, Dunkelheit dagegen, wenn sie
senkrecht zu einander stehen.

Nachdem wir so die Tatsache und die Kennzeichen
des polarisierten Lichtes kennen gelernt haben, und zugleich einfache Mittel besitzen, um mit polarisiertem
Licht Versuche anzustellen, interessiert uns nun in
erster Linie die Frage, wie verhält sich die neue Eigenschaft der Polarisation zu den uns bereits bekannten
Eigenschaften des Lichtes, insbesondere zu der durch
die Interferenzerscheinungen erwiesenen, periodischen
Natur des Lichtstrahls. Wir werden uns daher nach
einer Versuchsanordnung umsehen, bei welcher wir polarisiertes Licht zur Interferenz bringen. Die dazu erforderlichen Bedingungen sind uns unmittelbar durch
die Wirkung eines doppelbrechenden Kristalls gegeben,
denn wir sahen die Fresnelschen Interferenzstreifen
dadurch entstehen, daß das Licht so durch Spiegelung
zerteilt wurde, als käme es von zwei dicht beiein-
anderliegenden Lichtquellen her. Beim Durchgang
des Lichtes durch einen doppelbrechenden Kalkspat
mit parallelen Endflächen zerlegt sich aber, wie wir

sahen, das Licht ganz von selbst in zwei Bündel, die
von zwei getrennten Punkten herzukommen scheinen,
und der Abstand dieser Punkte hängt nur ab von
der Dicke der Kalkspatplatte. Es scheinen also die
Vorbedingungen für das Entstehen der Fresnelschen
Interferenzstreifen ohne weiteres bei jeder hinreichend
dünnen, doppelbrechenden Kristallplatte gegeben zu
sein. Ganz trifft dies jedoch nicht zu; wir sahen, daß

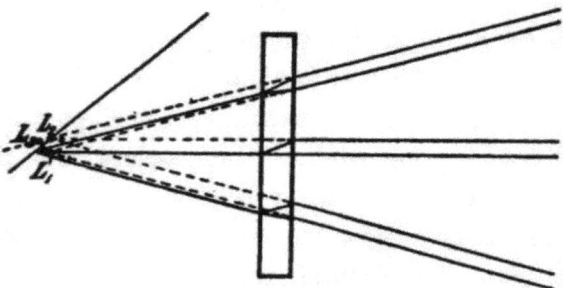

Fig. 22.

die beiden durch die Doppelbrechung im Kristall entstehenden Strahlen verschiedenen Brechungsgesetzen
folgen, und daher müssen wir auch erwarten, daß sie
im Kristall verschiedene Fortpflanzungsgeschwindigkeit
haben. Die Folge davon würde sein, daß die optischen
Weglängen beider Strahlen auf der im Kristall liegenden
Strecke verschieden lang sind und das würde so viel
bedeuten, daß das ganze Interferenzstreifensystem seitlich
verlegt sein muß. Bedeuten in der Fig. 22 L_1 und L_2 die
beiden Lichtpunkte, wie sie nach der geometrischen

Zeichnung durch die Doppelbrechung entstehen müßten,
so ist den Weglängen der von L_2 kommenden Strahlen
gegenüber den von L_1 kommenden noch überall ein
konstantes Stück hinzuzurechnen, wegen der ungleichen
Fortpflanzungsgeschwindigkeit in der Platte. Infolgedessen ist der Strahlenverlauf hinter der Platte angenähert so, als käme das eine Strahlenbündel nicht
von L_2 sondern etwa von L_3. Die Mitte des Inter-
ferenzstreifensystems ist dann aber in der Richtung
der Mittellinie zu $L_1 L_3$ zu erwarten, also soweit seitwärts auf dem Schirm verlegt, daß dort, wo allein noch
Licht infolge der Begrenzung des Strahlenbündels
hingelangt, sichtbare Streifen nicht mehr zu erwarten
sind. Durch einen sehr einfachen Kunstgriff kann
diese Schwierigkeit überwunden werden. Beim Eintritt in den Kristall zerfällt das Licht in zwei Teile,
deren Polarisationsebenen zueinander senkrecht stehen;
schalte ich daher hinter die eine Platte noch eine
zweite Platte von gleicher Dicke, die so orientiert
wird, daß die durch sie geforderten Polarisationsebenen
mit denen der ersten Platte zusammenfallen, so werden
beide Lichtbündel unverändert durch die zweite Platte
hindurchtreten. Ist nun die zweite Platte so gedreht,
daß der ordentliche Strahl der ersten Platte in der
zweiten Platte außerordentlicher Strahl wird, und umgekehrt, so verläuft dann jeder Strahl beim Durchgang durch die beiden Platten auf der halben Strecke
als ordentlicher und der anderen halben Strecke als

außerordentlicher Strahl; eine Wegdifferenz infolge der ungleichen Fortpflanzungsgeschwindigkeit beider Strahlen tritt dann aber nicht mehr auf.

Eine auf die Weise gebildete Doppelplatte aus Quarz habe ich hier, wobei ich noch bemerken will, daß, um eine genaue Erfüllung der Bedingung gleicher Weglängen für beide Strahlen zu erzielen, es noch erforderlich ist, die Platten in bestimmter Richtung aus dem Kristall herauszuschneiden, worauf ich jedoch hier nicht näher einzugehen brauche. Daß diese Platte in der Tat das Licht in zwei sehr dicht nebeneinanderliegende Teile zerlegt, zeige ich Ihnen zunächst, indem ich mit einem Mikroskop ein Bild einer in Zehntelmillimeter geteilten Skala anf dem Schirme entwerfe und nun die Platte zwischenschalte. Nachdem ich scharf eingestellt habe, sehen Sie, daß die Teilstriche verdoppelt sind; drehe ich die Platte um die Strahlrichtung, so wandern beide Bilder um einander herum; wir haben nicht ein feststehendes und ein bewegliches, sondern beide bewegen sich gleichmäßig, weil eben die Platten in der genannten Weise orientiert sind. Jetzt liegen die außerordentlichen Bilder mit den ordentlichen in einer Linie, so daß die Verdoppelung der Bilder fast gar nicht mehr zu bemerken ist (Fig. 23 a), und jetzt habe ich die Bilder auf den größten seitlichen Abstand voneinander eingestellt (Fig. 23 b). Da die Teilung Zehntelmillimeter beträgt, so können wir leicht den Abstand der beiden Bilder

von einander auf 0,05 mm schätzen. Beträgt dann
der Abstand der Lichtquelle von dem Schirm 5 m,
so werden wir, wenn das System der Fresnelschen
Streifen überhaupt zustande kommt, nach den Rechnungen der dritten Vorlesung einen Streifenabstand
von 6 cm erwarten müssen. Von der Lage der Polarisationsebenen beider Lichtbündel überzeuge ich mich
leicht, indem ich noch einen Nikol in den Strahlengang einschalte. Sie sehen, beide Polarisationsebenen

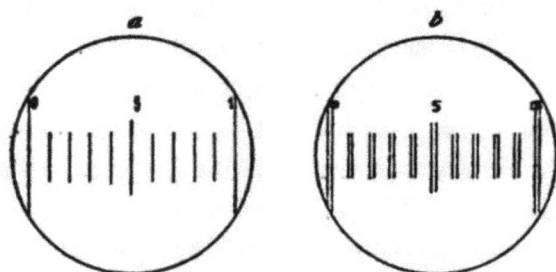

Fig. 23.

stehen aufeinander senkrecht, in der einen Stellung
des Nikol verschwindet das eine Bild ganz, in der
anderen das andere. Die Doppelplatte ist quadratisch
begrenzt, die Polarisationsebenen liegen den Quadrat-
seiten parallel; ich habe die Richtung der einen Polarisationsebene durch einen angehefteten Zeiger sichtbar
gemacht.

Ich entferne jetzt das Mikroskop und bringe die
Platte einfach in den aus der Lampe austretenden
Strahlenkegel; Sie sehen eine Interferenzerscheinung

entsteht nicht; die beiden senkrecht zu einander polarisierten Strahlen interferieren in dieser einfachen Form nicht. Ich habe hierbei noch unpolarisiertes, natürliches Licht auf die Platte fallen lassen, ich will jetzt polarisiertes Licht verwenden, indem ich noch einen Nikol zwischen die Lampe und die Platte bringe. Stelle ich den Nikol so, daß seine Polarisationsebene mit der Diagonale der Platte zusammenfällt, die angebrachten Zeiger müssen dann einen Winkel von 45° mit einander bilden, so bekomme ich jetzt sicher zwei Strahlen polarisierenden Lichtes von gleicher Intensität und durchaus symmetrischer Beschaffenheit; aber auch diese interferieren nicht, denn es entsteht noch kein Streifensystem. Schalte ich jetzt den zweiten Nikol hinter die Platte, so wird von beiden Strahlen nur diejenige Komponente hindurchgelassen, welche in die Polarisationsebene dieses Nikols fällt, die andere Komponente durchsetzt den Nikol nicht. Ich habe dann also zwei Strahlen, die in der gleichen Ebene polarisiert sind, und wenn die Zeiger beider Nikols parallel stehen, sind auch beide Strahlenbündel von gleicher Intensität. Sie sehen unter diesen Verhältnissen (Fig. 24) entsteht ein prächtiges Interferenzstreifensystem, die Mitte ist hell, dann folgt beiderseits ein tiefschwarzer Streifen, dem sich dann helle und in lebhaften Farben glänzende Streifen beiderseits anreihen. Die Erscheinung ist genau die der Fresnelschen Streifen, der Streifenabstand ist

etwa 6 cm, wie wir erwarteten. Die Farben sind
diesmal viel prächtiger, die dunkeln Streifen viel
schwärzer als bei dem Versuch mit den beiden Glasplatten, weil hier alles Licht zur Interferenz beiträgt,
während dort ein beträchtlicher Teil durch andere
Reflexionen auf den Schirm gelangte, ohne zur Interferenz beizutragen. Bei der außerordentlich lichtstarken

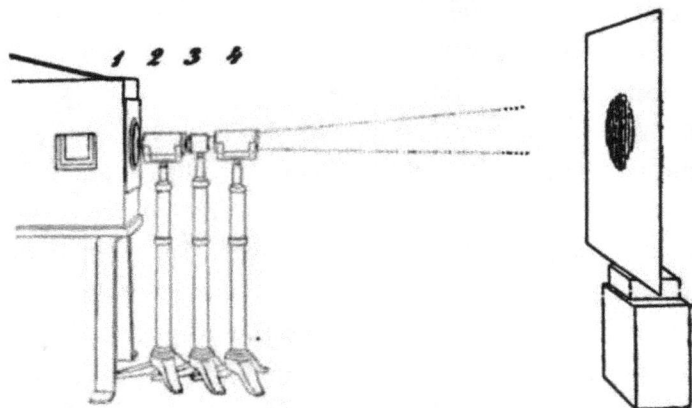

Fig. 24.
1 Lampe mit Blende, 2 erster Nikol, 3 Kristalldoppelplatte,
4 zweiter Nikol.

Erscheinung gestattet das Zwischenschalten farbiger
Gläser sehr schön, die verschiedenen Streifenabstände
für die verschiedenen Farben zu zeigen. Beim Einschalten roten Glases sehe ich 6 Streifen auf der gleichen
Fläche, wo bei grünem Glase 8 Streifen sichtbar sind.

Drehe ich jetzt einen der Nikols, so wird die
Erscheinung matter und immer mehr von weißem
Licht überdeckt, und es verschwinden die Streifen

völlig, sobald der Zeiger des Nikol mit dem der Platten parallel wird; letzteres ist von vornherein zu erwarten, denn in diesem Falle kommt überhaupt nur ein Strahlenbündel zustande. Drehe ich den Nikol weiter, so treten die Streifen wieder auf und werden glänzend hell, sobald beide Nikols zu einander senkrecht stehen; aber jetzt ist die Mitte dunkel und beiderseits sind zwei helle Streifen. Die ganze Erscheinung ist der vorigen komplementär geworden.

Versuchen wir jetzt, uns Rechenschaft zu geben über die Bedeutung der Nikolstellungen für das Zustandekommen der Interferenzerscheinungen, so zeigt uns zunächst der Einfluß des zweiten Nikols, daß von dem polarisierten Lichte stets nur diejenigen Komponenten zum Auftreten der Interferenzstreifen beitragen, deren Polarisationsebenen zusammenfallen; senkrecht zu einander polarisierte Lichtstrahlen können keine Interferenzerscheinung bewirken. Daß ferner bei Senkrechtstellung der Polarisationsebenen beider Nikols das Streifensystem das Komplementäre des vorherigen wird, zeigt uns, daß auch diese Interferenzerscheinung verstanden werden kann als durch Zusammenwirken der von zwei nahe beisammenliegenden Lichtpunkten ausgehenden Strahlen, nur daß jetzt die von dem einen Punkt ausgehenden Strahlen überall gerade um eine halbe Wellenlänge zurück sind, gegen die von dem anderen Punkte ausgehenden; denn, fügen wir bei dem einfachen Fresnelschen Interferenzversuch dem ganzen einen Strahlenbüschel überall eine halbe Wellenlänge hinzu, so muß offenbar die Komplementäre Streifenanordnung entstehen. Die Senkrechtstellung der Polarisationsebenen der beiden Nikols bewirkt also in unserem Versuche eine Verschiebung beider Strahlenbüschel um eine halbe Wellenlänge gegeneinander.

Diese Beziehungen zwischen der Interferenz des Lichtes und der Polarisation führen uns nun dazu, für die aus der Interferenz folgende periodische Natur des Lichtes weitere Besonderheiten festzustellen. Wenn wir der periodischen Natur dadurch Rechnung tragen, daß wir die Fortpflanzung des Lichtes mit der Ausbreitung der Wellen vergleichen, so müssen wir sagen, daß diese Wellen jedenfalls nicht von der Art der Schallwellen, sogenannte Longitudinalwellen, sein können, bei denen die Bewegung der Luftteilchen abwechselnde Verdichtungen und Verdünnungen bewirkt; denn es ist nicht abzusehen, wie die Interferenz solcher Wellen in irgend welcher Weise beeinflußt sein kann durch eine Eigentümlichkeit, die nur durch quer zur Fortpflanzungsrichtung liegende Richtungen bezeichnet werden kann. Angesichts der Polarisationserscheinungen können wir den Vergleich mit einer Wellenbewegung nur dann durchführen, wenn wir die Wellen als Transversalwellen ansehen, bei denen die in Schwingungen befindlichen Teile sich quer zur Fortpflanzungsrichtung bewegen, wie dies ja auch bei

den Wellen an der Oberfläche des Wassers der Fall
ist. Durch einen solchen Vergleich mit Transversalwellen werden uns aber die soeben gesehenen Interferenzen polarisierten Lichtes sehr leicht verständlich,
denn es leuchtet dann ohne weiteres ein, daß eine
Verstärkung oder Vernichtung der Bewegung schwingender Teilchen durch Interferenz nur dann eintreten
kann, wenn die Bewegung in derselben Ebene erfolgt.
Wir werden daher die Zerlegung des polarisierten
Lichtes in seine Komponenten nach anderen Polarisationsebenen ohne weiteres vergleichen mit der Zerlegung der Bewegung der schwingenden Teilchen nach
dem Parallelogramm der Bewegungen. Bei parallel
gestellten Nikols und symmetrischer Stellung derselben
zu den Polarisationsebenen der Platte wird die Bewegung eines in der Ebene des ersten Nikols
schwingenden Teilchens in zwei gleiche, zueinander
senkrechte Komponente zerlegt (Vergl. Fig. 25 a) und
bei der Wiedervereinigung beider in die Polarisationsebene des zweiten Nikols wird die ursprüngliche
Bewegung wieder hergestellt, falls nicht durch die
Verschiedenheit der Weglängen beider Strahlen eine
Phasendifferenz in die Bewegung hineingekommen ist.
Die Interferenz kann daher nur von den Wegdifferenzen herrühren, und es muß deswegen die einfache
Fresnelsche Erscheinung auftreten. Ist dagegen
der zweite Nikol um 90° gedreht, so findet die
Wiedervereinigung nach der Fig. 25 b statt; das heißt,

dort wo vorhin durch die Wiedervereinigung gerade
maximaler Ausschlag des bewegten Teiles entstand,
haben wir jetzt gerade entgegengesetzte Bewegung,
also Vernichtung derselben. Es kommt also jetzt in
der Tat zu der Interferenz durch die verschiedenen
Weglängen, diejenige durch die Verschiebung beider
Bewegungen um eine halbe Phase gegeneinander hinzu;
daher entsteht jetzt die Komplementäre Erscheinung.

Das Auftreten dieser komplementären Erscheinung
gibt uns auch die Erklärung dafür, warum es nötig ist,

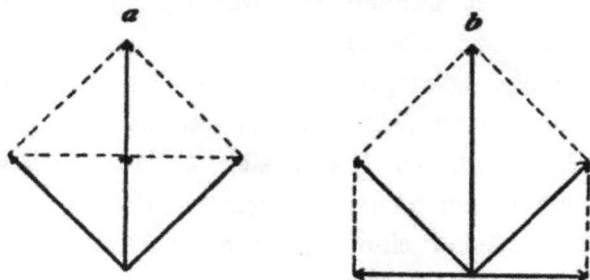

Fig. 25.

oei diesem Versuche auch den ersten Nikol anzuwenden,
obwohl doch schon durch den Kristall allein zwei polarisierte Lichtbündel entstehen, die durch den zweiten Nikol
auf eine Ebene reduziert werden. Da in dem natürlichen
Lichte keine Polarisationsebene bevorzugt ist, so muß
offenbar beim Fortlassen des ersten Nikols ebenso gut die
ursprüngliche wie die komplementäre Erscheinung auftreten; wenn aber beide zugleich erzeugt werden, so
mischen sie sich, da sie ja an jeder Stelle genau komplementär sind, vollständig zu homogenem Weiß.

Sechste Vorlesung.

Zerlegung des Interferenzphänomens an der Quarzdoppelplatte. — Interferenzen an dünnen Kristallblättchen. — Farben gekühlter und gepreßter Gläser. — Interferenzen in konvergentem Lichte. — Verschiedene Kristallformen.

Wir haben in der letzten Vorlesung nur eine Interferenzerscheinung an polarisierten Lichtstrahlen kennen gelernt, und aus dieser wichtige Schlüsse über das Bild ziehen können, das wir uns von den Lichtstrahlen machen müssen, wenn wir dieselben mit einer Wellenbewegung vergleichen wollen. Das Gebiet dieser Erscheinungen ist jedoch ein so reichhaltiges und alle diese Erscheinungen lassen sich so unmittelbar aus dem Grundversuch der vorigen Vorlesung ableiten und bilden daher eine immer neue Bestätigung der Zulässigkeit unseres Vergleiches der Lichtausbreitung mit Transversalwellen, daß wir uns noch kurze Zeit bei diesen schönen und farbenprächtigen Erscheinungen aufhalten wollen. Ich wiederhole zunächst den Interferenzversuch der vorigen Vorlesung noch einmal, jedoch mit einer kleinen Abänderung, deren Bedeutung Sie sogleich näher kennen lernen werden. In den aus der Lampe austretenden Strahlenkegel bringe ich

zunächst eine Beleuchtungslinse*) und dann den
Nikol N_1 (siehe Fig. 26) dann folgt ein Blenden-
träger B, in welchen zunächst eine runde Blende eingesetzt ist, dann die Linse L_2, die ein Bild der Blende
auf dem Schirm entwirft, dann die Kristalldoppelplatte K der vorigen Vorlesung, und schließlich an
der engsten Stelle des Strahlenbündels der zweite
Nikol N_2. Sind beide Nikols in Parallelstellung und
der Zeiger der Platte unter 45° gegen diejenigen der

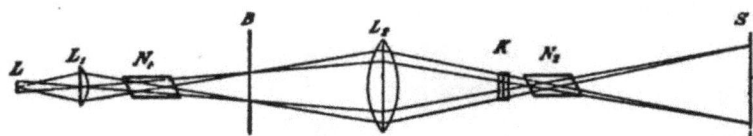

Fig. 26.

Nikols, so haben wir wieder das schöne normale
Streifensystem auf dem Schirm; drehen wir den einen

---

*) Es ist durchaus nicht zweckmäßig als Beleuchtungs-
linse das große Kondensorsystem der gebräuchlichen Projektions-
lampen zu nehmen, denn dasselbe liefert einen Strahlenkegel,
der viel zu weit geöffnet ist und daher doch nicht durch die
Nikols hindurch kann. Es müssen daher Blenden zwischengeschaltet werden, um das störende Licht vom Schirme fern-
zuhalten, die jedoch nur den ganzen Aufbau unübersichtlich
machen. Zweckmäßig als Beleuchtungslinse ist eine einfache
Plankonvexlinse von etwa 6 cm Brennweite und einem Öffnungsverhältnis von höchstens 1 : 3. Bei einer solchen Linse
hat man nur geringen Lichtverlust durch Absorption und die
Strahlenkegel gehen vollständig selbst durch kleinere Nikols
hindurch, wenn diese so gestellt werden, wie Fig. 26 zeigt.

Nikol um 90°, so entsteht das komplementäre System. Ist jetzt die Stellung der Nikols und der Platte so gewählt, daß die Streifen auf dem Schirm von oben nach unten verlaufen, und drehe ich dann die Kristallplatte um eine Vertikalachse, so sehen Sie die Streifen aus dem Gesichtsfeld herauswandern. Um den Grund dieses Fortwanderns einzusehen, müssen wir uns erinnern, weshalb wir eine Doppelplatte für diesen Versuch haben anwenden müssen. Es sollte durch die Platte nur bewirkt werden, daß ein Doppelbild der Lichtquelle entstand, ohne daß infolge der ungleichen Fortpflanzungsgeschwindigkeit der beiden Strahlen im Kristall besondere Wegdifferenzen eingeführt wurden. Deshalb mußte jeder der beiden Strahlen in der Platte zur Hälfte als ordentlicher und zur anderen Hälfte als außerordentlicher Strahl verlaufen. Aber dieses allein genügt noch nicht, um wirklich gleiche Weglängen für beide Strahlen im Kristall zu erhalten, es müssen offenbar die Wege für beide Strahlen auch geometrisch gleich lang sein. Da das Gesetz für die Ablenkung des außerordentlichen Strahls höchst kompliziert ist, wollen wir uns nicht weiter damit aufhalten, wie die Erfüllung dieser zweiten Bedingung aufzufinden ist, es genügt, daß ich Ihnen das fertige Ergebnis mitteile, daß in der Tat beide Strahlen auch geometrisch gleiche Wege im Kristall zurücklegen, wenn die Platten, die in diesem Falle aus Quarz bestehen,

unter einer Neigung von 45° gegen die kristallo-
graphische Hauptachse des Quarzes herausgeschnitten
sind, und die Strahlen dann senkrecht die Platte
durchsetzen. Sobald ich jetzt die Platte um die
Vertikalachse drehe, ist offenbar dieser letzten Bedingung nicht mehr genügt, beide Strahlen durch-
laufen jetzt infolge der unregelmäßigen Ablenkung
des außerordentlichen Strahls unsymmetrische Wege
im Kristall und erhalten dadurch eine Phasendifferenz
gegeneinander; daß dann aber die Mitte der Interferenzerscheinung seitlich aus dem graden Strahlen-
gange herausgerückt sein muß, ist ohne weiteres zu
erwarten. Je weiter wir die Platte drehen, desto mehr
gelangen die seitlichen Partien in die Mitte des Gesichtsfeldes, und wir sehen wie die farbigen Streifen
immer weißlicher werden, um schließlich für unser
Auge einem gleichmäßigen Weiß Platz zu machen.
Aber, wenn wir auch direkt gar keine Streifen mehr
wahrnehmen können, so ist damit die Interferenz selbst
durchaus noch nicht verschwunden. Von der Natur
des jetzt sichtbaren Weiß überzeugen wir uns leicht,
wenn wir dasselbe prismatisch zerlegen. Dazu schneiden
wir aus dem kreisförmigen Gesichtsfelde einen schmalen,
horizontalen Streifen heraus, indem wir die runde
Blende durch einen horizontalliegenden Spalt ersetzen.
Bringen wir dann noch hinter den zweiten Nikol unser
gradsichtiges Prisma (Fig 27) in solche Lage, daß die
Zerlegung des Streifens in ein Farbenband von unten

nach oben erfolgt, so erhalten wir alles Rot am weite-
sten unten liegend und daran schließen sich nach
oben hin die Spektralfarben in der bekannten Farbenfolge an. Jetzt aber sehen wir in jedem horizontalen
Abschnitt, der nur noch einfarbiges Licht enthält,
überall noch die dunklen Interferenzstreifen. Das

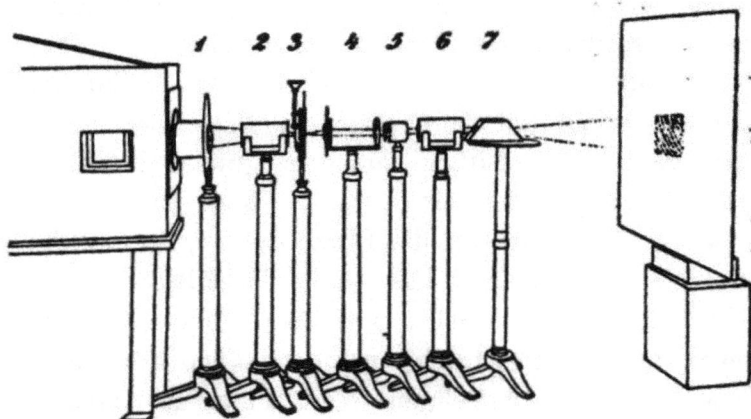

Fig. 27.
1 Kondensorlinse, 2 Nikol, 3 horizontaler Spalt. 4 Linsensystem,
5 Kristallplatte, 6 Nikol, 7 geradsichtiges Prisma.

ganze Bild auf dem Schirm hat das Aussehen der
Figur 28.

Jeder vertikale aus der Figur herausgeschnittene
Streifen gibt uns die Farben, deren Mischung an der
betreffenden Stelle vorher das Weiß ergab. Die Zerlegung dieser Figur in horizontale und vertikale
Streifen hat wieder ganz denselben Sinn, wie wir es
bereits in der vorigen Vorlesung bei der spektralen

Zerlegung der Beugungserscheinung gesehen haben. Da bei dieser Anordnung durch Drehen der Kristallplatte das Streifensystem weit nach seitwärts fortgeführt werden kann, lassen sich die Mischfarben und ihre spektrale Zusammensetzung auch noch viel weiter in die höheren Ordnungen hinein verfolgen. Stelle ich die Platte wieder senkrecht zum Strahlengang, so richten sich die das Spektrum durchziehen-

violett
indigo
blau
grün
gelb
orange
rot

Fig. 28.

den Interferenzstreifen wieder mehr auf und werden dadurch breiter, der mittelste ist ganz gerade.

Nachdem wir in dieser Weise die Interferenzerscheinung von unserer Doppelplatte nach allen Seiten hin kennen gelernt haben, ist es ein Leichtes eine Reihe anderer schöner Farbenerscheinungen an Kristallplatten zu verstehen. Bedenken wir zunächst, daß die Breite der entstehenden Interferenzstreifen bedingt ist durch die Dicke der Doppelplatte, so werden wir bei immer dünnerer Herstellung der Doppelplatte die

Streifen bald so weit auseinanderrücken sehen, daß schließlich das weiße Mittelfeld allein schon das ganze Gesichtsfeld ausfüllt und erst beim Drehen der Platte werden wir den ersten dunklen Streifen und weiterhin die verschiedenen Farbenzonen in das Gesichtsfeld bekommen, doch stets so, daß das ganze Gesichtsfeld zurzeit von einer Farbe ganz ausgefüllt wird. Bei einem so ausgedehnten Streifensystem wird dann natürlich auch eine viel größere Winkeldrehung der Platte erforderlich sein, um das Gebiet der stark weißlichen Farben zu erreichen. Nehme ich aber dann, nachdem ich die Doppelplatte wieder senkrecht zum Strahlengang gestellt habe, die eine Hälfte derselben fort, so daß ich nur noch eine einfache Platte habe, so wird dadurch das Gleiche erreicht wie durch eine Drehung der Doppelplatte, denn die einfache Platte bringt schon eine Phasendifferenz in die beiden Strahlenbündel hinein, das heißt dann aber, ich bekomme nicht mehr die Mitte, sondern einen seitlichen Teil des Streifensystems ins Gesichtsfeld. Durch Einschalten einer einfachen, hinreichend dünnen, doppelbrechenden Kristallplatte zwischen den Nikols erscheint deshalb das Gesichtsfeld in einer einheitlichen Farbe.

Sehr gut lassen sich aus kristallinischem Gyps für diese Versuche geeignete Kristallplatten abspalten. Schalte ich eine solche Platte von 2 mm Dicke nach Entfernung der Doppelplatte in den Strahlengang ein, so sehen Sie, wenn ich die Polarisationsebenen des

Gypses wieder unter 45° gegen diejenigen der Nikols
richte, das ganze Spektrum von einer großen Zahl
feiner dunkler Linien, horizontal durchzogen, entsprechend einem Vertikalabschnitt aus dem vorigen
Bilde, der sehr weit von der Mittellinie entfernt ist.
Eine Gypsplatte von nur etwa $\frac{1}{2}$ mm Dicke zeigt
nur noch drei breite, dunkle Streifen, und wenn ich
eine keilförmige Gypsplatte hier unmittelbar an den

Fig. 29.

Spalt lege, so wird der Streifenabstand an den verschiedenen Stellen des Bildes verschieden, entsprechend
der ungleichen Dicke des Keiles. Wir erhalten daher ein Bild von der Gestalt der Fig. 29.

Ich habe hier noch verschiedene, sehr dünne Gypsblättchen, die, wie Sie sehen, nur einen oder höchstens
zwei dunkle Streifen im Spektrum zeigen; drehe ich
einen Nikol um 90°, so tritt dort Helligkeit ein, wo
vorher Dunkelheit war, und umgekehrt. Entferne ich
das Prisma und ersetze den Spalt wieder durch die

8*

runde Blende, so ergeben die dünnen Gypsblättchen, wie nach dem eben gesehenen Spektrum vorauszusehen, eine ganz gleichmäßige zum Teil sehr lebhafte schöne Färbung der ganzen hellen Fläche. Die Blättchen, die mehr dunkle Streifen im Spektrum zeigten, zeigen jetzt weißlichere Färbung, andere dagegen zeigen ein außerordentlich lebhaftes Rot, das sich beim Drehen des Nikols in grün, oder gelb, das sich in blau verwandelt. Ersetze ich den zweiten Nikol durch einen einfachen Kalkspat, der jedoch in besonderer Weise mit einem Glasprisma verkittet ist, damit die beiden jetzt entstehenden Bilder weiter auseinander rücken, so sehe ich beim Einschalten der Gypsblättchen die beiden Bildflächen gleichzeitig in den komplementären Farben, rot und grün, oder gelb und blau, erscheinen; und dort, wo beide Bilder sich überdecken, ist stets reines Weiß.

Man hat auch diese schönen Interferenzfarben zu recht anmutigen Spielereien benutzt, indem man auf eine Glasplatte Glimmerstückchen verschiedener Dicke zu einem Bilde zusammenlegte; bei gewöhnlichem Lichte ist nichts von dem Bilde zu sehen, schalte ich eine solche Platte jedoch an die Stelle der Blende meiner Versuchsanordnung, so tritt das farbige Bild sofort prächtig hervor. Jetzt habe ich z. B. eine rote Blume mit grünen Blättern auf tiefschwarzem Grunde, die sich beim Drehen des Nikols in eine grüne Blume mit roten Blättern auf hellem Grunde verwandelt; in der Übergangsstellung oder auch nach Entfernung eines Nikols ist nichts von der ganzen Blume zu sehen.

Mehr oder weniger zeigen alle durchsichtigen doppelbrechenden Körper bei richtiger Einschaltung zwischen den Nikols Interferenzfiguren und Farben und so wird diese Versuchsanordnung zum äußerst empfindlichen Reagenz auf Doppelbrechung. Schalte ich zum Beispiel diesen einfachen Glasklotz in den Strahlengang ein, so erweist er sich zunächst als ganz homogen und beeinflußt die gleichmäßige Lichtverteilung im Bilde nicht. Sowie ich ihn jedoch zwischen den Backen einer Klemmschraube einzwänge so zeigen sich von den Druckstellen ausgehende dunkle Schatten, die sich bei stärkerem Druck weiter ausbreiten, und denen farbige folgen. (Fig. 30.) Hierin zeigt sich, daß das Glas unter dem Einfluß des Druckes doppelbrechend wird. Auch Gläser, die nach ihrer Schmelzung plötzlich abgekühlt sind, behalten innere Spannungen und zeigen verwickelte Doppelbrechung, die sich an schönen Interferenzerscheinungen sichtbar machen läßt, wie eine solche in Fig. 31 dargestellt ist.

Als letzte Gruppe von Interferenzerscheinungen an doppelbrechenden Körpern zeige ich noch eine Reihe von Interferenzsystemen, die von großer Bedeutung für die Erkennung von Kristallen geworden sind und dadurch für die Mineralogen und Kristallographen eine große praktische Bedeutung gewonnen haben. Diese Erscheinungen beruhen darauf, daß die Farben, die bei verschiedener Neigung des eine Kristallplatte durchsetzenden Strahls nach dem vorigen entstehen, alle gleichzeitig sichtbar gemacht werden. Der Kunstgriff, durch welchen dies möglich wird, beruht darauf, daß zwei Sammellinsen kurzer Brennweite an der Stelle, wo bisher die Blende stand, eingeschaltet werden. Wie die Fig. 32 zeigt, bewirkt die erste dieser Linsen L_1 eine kegelförmige Strahlenvereinigung in einen scharfen Brennpunkt P, während die zweite Linse den ursprünglichen Strahlengang wieder herstellt. Wird

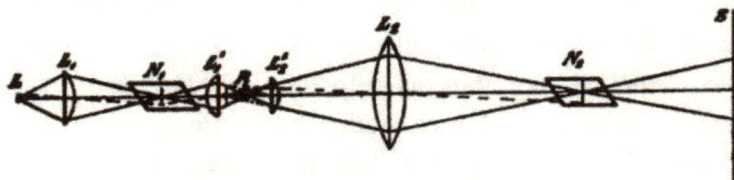

Fig. 32.

jetzt aus einem Kalkspat eine Platte so herausgeschnitten, daß sie senkrecht zur kristallographischen Hauptachse steht, das ist senkrecht zur Verbindungslinie der beiden stumpfen Ecken des Rhomboeders (siehe Fig. 33), so zeigt sich, daß ein Strahl, der diese Platte senkrecht durchsetzt, gar nicht durch Doppelbrechung in zwei Teile zerlegt wird. Die Richtung dieser Achse des Kristalls ist die einzige, in welcher derselbe sich nicht als doppelbrechend erweist; diese Achse heißt auch die optische Achse des Kristalls. Jeder Strahl, der in anderer Richtung den Kristall oder die Platte durchdringt, zerfällt in zwei Teile,

deren einer, der ordentliche Strahl, in der Ebene
polarisiert ist, welche durch die Strahlrichtung und
die optische Achse gelegt ist; der außerordentliche ist
in der Richtung senkrecht dazu polarisiert. Bringe
ich jetzt eine solche Platte in unserer Versuchsanordnung an die Stelle *P*, so werden die Strahlen, die
in der Mittellinie der ganzen Anordnung verlaufen,

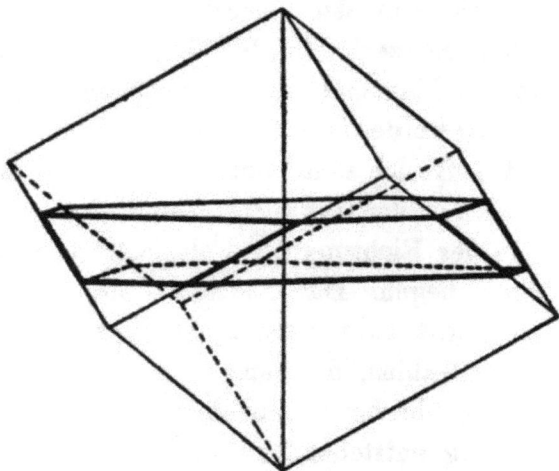

Fig. 33.

die Platte senkrecht durchsetzen und keine Doppelbrechung zeigen. Sind die Nikols gekreuzt, so muß
auch nach Einschalten der Platte die Mitte des Gesichtsfeldes dunkel bleiben. Alle Stellen dagegen, die
in einer ringförmigen Zone um die Mitte des Gesichtsfeldes herumliegen, erhalten offenbar Licht von
Strahlen, die unter gleicher Neigung die Platte durch-

setzt haben und durch Doppelbrechung in zwei Teile
zerlegt sind. In einer solchen Zone muß daher diejenige Farbe auftreten, die dem Strahlendurchtritt
unter dem betreffenden Neigungswinkel nach unseren
früheren Versuchen entspricht. Das Gesichtsfeld wird
erfüllt sein von einem System farbiger Ringe, in welchem die Farbenfolge im allgemeinen wieder die gleiche
ist, wie wir sie von den verschiedenen Interferenzsystemen her kennen. In der Tat sehen Sie beim
Einschalten der Kalkspatplatte dies schöne Ringsystem
lebhaft sichtbar werden (Fig. 34), aber zugleich bemerken
Sie, daß das Gesichtsfeld noch durchzogen ist von
einem dunklen Schattenkreuz, dessen Arme augenscheinlich in der Richtung der Polarisationsebenen der
beiden Nikols liegen. Das Auftreten dieses Schatten-
kreuzes ist leicht zu verstehen, wenn man bedenkt,
daß für alle Strahlen, die ganz in einer dieser beiden
Ebenen liegen, überhaupt nur einer der beiden durch
Doppelbrechung entstehenden Teile das System ganz
durchdringen kann, der andere wird in dieser Stellung
durch einen der Nikols ganz zurückgehalten; wenn
aber ein Teil vernichtet ist, kann auch keine Interferenz mehr entstehen. Drehe ich einen der Nikols
um 90°, so tritt an Stelle des dunklen Kreuzes ein
helles farbloses und die Farben der Ringe gehen in
die komplementären über.

Nicht alle Kristalle zeigen das gleiche Interferenzsystem im polarisierten Lichte, vielmehr muß, damit

dies Bild zustande kommen kann, in einem Kristall eine bevorzugte Richtung vorhanden sein, in welcher eine Doppelbrechung nicht eintritt; der Kristall muß eine, aber auch nur eine „optische Achse" haben. Viele Kristalle gleichen hierin dem Kalkspat, zum Beispiel, um nur einzelne zu nennen, der Turmalin, Korund, Saphir, Rubin, Smaragd, Beryll, phosphorsaurer Kalk, salpetersaures Natron, Magnesiahydrat, Eis und viele andere; allein es gibt noch zwei andere Gruppen von Kristallen, die ein wesentlich anderes Verhalten zeigen. Die eine derselben ist dadurch ausgezeichnet, daß sie nach allen Richtungen das Licht stets regulär bricht, daß also gar keine Doppelbrechung auftritt, und infolgedessen auch gar keine Interferenzerscheinung sichtbar werden kann. Es sind dies die sogenannten regulären Kristalle; zu ihnen gehören der Diamant und das Steinsalz. Die letzte Gruppe zeichnet sich dadurch aus, daß in ihr stets zwei Richtungen bevorzugt sind, in welchen eine Doppelbrechung nicht eintritt; diese Kristalle haben also zwei optische Achsen. Ein derartiger Kristall ist z. B. der Arragonit. Ist aus einem solchen Kristall eine Platte senkrecht zur Ebene der beiden Achsen und symmetrisch zu diesen herausgeschnitten, so entsteht beim Hineinbringen einer solchen Platte an die Stelle P in unserer Versuchsanordnung wieder ein Interferenzsystem, das jetzt jedoch wesentlich anders aussieht. Zunächst bemerken Sie den auffallenden Unterschied, daß jetzt, wenn ich die Platte um die Richtung des mittelsten Strahls, also in ihrer eigenen Ebene, drehe, das Interferenzbild sich fortwährend ändert. Bei den einachsigen Kristallen konnte eine solche Drehung keine Änderung bewirken, da hier rings um die Achse herum alles symmetrisch war. Stelle ich die Ebene der optischen Achsen, die an der Fassung dieses Arragonitkristalles bezeichnet ist, so, daß sie unter 45° gegen die Ebenen der jetzt gekreuzten Nikols geneigt ist, so sehen Sie das schöne Interferenzbild entstehen, wie es in der Fig. 35 abgebildet ist.

Um zwei Zentren herum haben sich Ringsysteme gebildet, die nach der Mitte hin ineinanderfließen und in die farbigen, mit dem Namen Lemniskaten benannten Kurven übergehen. Die Zentren der Ringsysteme entsprechen der Lage der optischen Achsen, ihre Lage im Bilde hängt lediglich ab von Lage der Achsen selbst innerhalb des konvergenten Strahlenbündels an der Stelle P in Fig. 32; denn derjenige Lichtstrahl in diesem Strahlenkegel, der gerade mit einer optischen Achse zusammenfällt, erzeugt im Bilde ein Ringzentrum. Drehe und neige ich die Platte in verschiedenster Weise, so wandern die Ringzentren im Gesichtsfelde, da ich dann die Achsen mit immer anderen Strahlen zur Deckung bringe, aber der Abstand der Ringzentren bleibt stets der gleiche; auch dies war zu erwarten, denn die optischen Achsen sind zwei feste Richtungen im Kristall, sie können also

nur mit zwei Strahlen im Lichtkegel zur Deckung
gebracht werden, die den gleichen Winkel einschließen.
Verfolgen wir aber irgend zwei Strahlen, die diesen
Winkel einschließen bis zum Schirm, so übersehen
wir, daß sie, wenigstens innerhalb des kleinen Bereiches
unseres Gesichtsfeldes, stets in Punkten von dem
gleichen Abstande den Schirm treffen. Darauf beruht
es, daß der Abstand dieser Ringzentren bei demselben
Kristall im Bilde immer im wesentlichen der gleiche
ist, gleichgültig, wie dick die Platte geschnitten ist,
während der Durchmesser der Ringe, ebenso wie bei
einachsigen Kristallen, mit der Plattendicke immer
kleiner wird, so daß zum Beispiel bei einer wesentlich
dickeren Arragonitplatte die beiden Ringzentren zwar
in dem gleichen Abstand stehen, aber die Ringe selbst
so eng sind, daß sie das gemeinsame Mittelfeld gar
nicht mehr erreichen, und daher auch die Lemniskaten
gar nicht sichtbar werden.

Charakteristisch für die ganze Figur sind jetzt
noch die beiden hyperbolischen Schattenpinsel, die
die Ringsysteme durchsetzen. Diese sind hier offenbar
an die Stelle des dunklen Achsenkreuzes der einachsigen Kristalle getreten; das Asymptotenkreuz, dem
sich die einzelnen Äste der Hyperbel anschmiegen,
entspricht den Polarisationsebenen der Nikols. Drehen
wir einen Nikol um 90°, so machen die dunklen
Pinsel hellen Streifen Platz, und drehen wir bei gekreuzten Nikols die Platte so, daß die Ebene der

Achsen des Kristalls mit der Polarisationsebene eines Nikols zusammenfällt, so entsteht die Fig. 36.

Die Lemniskatenfigur ist erhalten, doch sind die dunklen Büschel durch ein kreuzartiges Gebilde ersetzt.

Da es uns hier nur darauf ankommt, die Möglichkeit des Entstehens derartiger Bilder vom Standpunkte unserer Vorstellungen von der Wellennatur des Lichtes zu übersehen, so kann ich nicht weiter eingehen auf die große Mannigfaltigkeit, die in diesen Erscheinungen noch beobachtet werden kann, wenn man die verschiedensten Kristalle untereinander vergleicht. Derartige zweiachsige Kristalle sind neben vielen anderen: Salpeter, Borax, Glimmer, Schwerspat, Topas, Zucker, Gips, salpetersaures Silber (Höllenstein), Zitronensäure; sie unterscheiden sich nicht allein im Grade der Doppelbrechung, sondern auch im Winkel ihrer optischen Achsen. Dieser Winkel kann sogar für die verschiedenen Farben merklich verschieden sein, wodurch dann die Zentren der Ringsysteme gegeneinander verschoben sind, so daß ganz ungewohnte Farbenüberdeckungen und -mischungen eintreten.

Für die Ziele dieser Vorlesung muß es genügen, einen ganz beschränkten Einblick in dies farbenreiche Gebiet getan zu haben, der uns die Wichtigkeit der Interferenzerscheinungen für die ganzen Kenntnisse von den Kristallen richtig zu würdigen lehrt, und aus dem wir die Überzeugung gewinnen, daß hier ein großes Reich der strengsten Gesetzmäßigkeiten sich uns offenbart, die wir allein zu entwirren vermögen, wenn wir das Licht ansehen als einen Vorgang, der in jeder Beziehung mit der Ausbreitung transversaler Wellenzüge in einem leicht beweglichen Medium vergleichbar sein muß.

Siebente Vorlesung.

Unzulänglichkeit der einfachen Wellentheorie des Lichtes. — Parallelismen in der Natur. — Andere periodische Erscheinungen, die singende Bogenlampe. — Der elektrische Schwingungskreis. — Abgestimmte Schwingungskreise.

Blicken wir jetzt noch einmal zurück auf das, was uns unsere Versuche über die Natur des Lichtes als sicher haben lehren können, so können wir es in folgenden Sätzen zusammenfassen. Aus dem einfachen Fresnelschen Interferenzversuch muß geschlossen werden, daß im Lichtstrahl sich ein Vorgang ausbreitet, der ganz regelmäßig periodischer Natur ist; dies gibt uns die erste Veranlassung, das Licht mit einem Wellenvorgang zu vergleichen. Die Beugungserscheinungen bestätigen dann die Zulässigkeit dieses Vergleiches und zeigen uns auch darin eine Übereinstimmung zwischen Licht und einer Wellenbewegung, daß bei beiden der Zustand an irgend einer von der Bewegung erreichten Stelle stets ebenso richtig sich bestimmen läßt, wenn man nicht auf das Wellenzentrum bezw. die Lichtquelle selbst zurückgeht, sondern nur den Zustand in irgend einer dazwischenliegenden Zone berücksichtigt. Der Vergleich scheint danach nicht nur in äußerlicher Ähnlichkeit seine Berechtigung zu finden, sondern der Mechanismus der Ausbreitung beider Vorgänge scheint auch verwandter Natur zu sein. Die Erscheinungen der Polarisation lehren uns dann weiter, daß im Lichte eine Richtung senkrecht zur Fortpflanzungsrichtung bevorzugt sein kann, und da zwischen polarisierten Lichtstrahlen eine Interferenz nur in dem Maße möglich ist, als beide Strahlen auf die gleiche Polarisationsebene reduziert sind, während zueinander senkrecht polarisierte Strahlen gar keine Interferenzerscheinungen zu bewirken vermögen, so muß die Wellennatur des Lichtes mit der Polarisation innig zusammenhängen; dies zu verstehen ist uns nur möglich, wenn in den Lichtwellen die sich bewegenden Teilchen senkrecht zur Richtung der Strahlen schwingen.

Es scheint zunächst keine Schwierigkeit zu bestehen, sich derartige Transversalwellen in einem leicht beweglichen Medium vorzustellen; denn beobachten wir die Wellen an der Oberfläche eines Wasserspiegels, so haben wir es hier ja tatsächlich mit Transversalschwingungen zu tun. Die Wellen schreiten horizontal fort, und die einzelnen Teilchen tanzen auf und ab. Allein für die Lichtwellen würde es sich darum handeln, daß sie nicht an der Oberfläche, sondern ganz im Innern eines Mediums sich fortpflanzen sollen, und es ist ja bekannt, daß selbst die größten Sturmeswellen nicht in die Tiefe der Meere eindringen; dort unten herrscht, abgesehen von gleichmäßigen, warmen oder kalten Strömungen, vollkommene Ruhe. Wellen gibt es in der Tiefe nicht, das haben uns die Taucher oftmals bestätigt, das macht ja auch die Unterseeboote von den Gefahren der Stürme frei. Es ist auch leicht einzusehen, daß die Wellen des Wassers nur an der Oberfläche bestehen können, denn die Kraft, die die schwingende Bewegung veranlaßt, ist die Schwerkraft, die stets alle Teile wieder in die Ebene der ruhigen Oberfläche zurückzutreiben sucht. Aber nur, wo eine freie Wasseroberfläche vorhanden ist, wirkt die Kraft, die die Welle unterhält; in der Tiefe dagegen ist jedes Wasserteilchen ringsum von Wasser umgeben, so daß es der Wirkung der Schwere ganz entzogen ist. Würden wir in der Tiefe irgendwo einer kleinen Wassermenge mechanisch eine plötzliche Bewegung geben, so würden doch niemals von dort aus Wellen ausgehen, denn es besteht nirgends eine Kraft, die das Teilchen in die Anfangslage zurückzieht, um über dieselbe hinauspendelnd eine schwingende Bewegung zu veranlassen. Das in Bewegung gesetzte Wasser wird vielmehr einfach in gleichem Sinne sich weiter bewegen, und es wird nur eine Strömung im Wasser entstehen. Wäre das Wasser elastisch wie die Luft, so würde freilich das bewegte Teilchen die Menge vor sich zusammenpressen, es entstände ein Rückstoß, und daraus entwickelte sich dann die schwingende Bewegung. Dann würden sich Wellen bilden können, aber diese wären, wie die Wellen des Schalles in der Luft, notwendig Longi-

tudinalwellen, in denen die Teile nur in der Richtung
der Fortpflanzung sich hin und her bewegen. Transversalwellen können in einem flüssigen Körper, mag
er nun elastisch oder unelastisch sein, überhaupt nicht
zustande kommen. Damit diese möglich sind, müssen
die seitlich benachbarten Teile auf ein aus der Ruhe-
lage gebrachtes Teilchen mit einer Kraft wirken,
die das Teilchen immer wieder in die Anfangslage
zurückzuziehen strebt; die Teile dürfen also nicht,
wie bei den Flüssigkeiten, frei sich aneinander vorbei-
bewegen können. Einen Körper, der solche Eigenschaften hat, daß die Teile sich gegenseitig halten,
nennen wir aber fest, oder zum mindesten steif.

Es muß danach das Medium, in welchem die Lichtwellen möglich sein sollen, ein Körper sein von der
Natur etwa des Gummis oder der Gelatine, und ein
solcher Körper müßte den ganzen Weltenraum erfüllen
und wenigstens alle durchsichtigen Körper durchdringen.
Sie werden sofort fühlen, daß hierdurch an unser
Vorstellungsvermögen eine starke Zumutung gestellt
wird. Die Schwierigkeit, uns derartige Verhältnisse
vorzustellen, wächst noch bedeutend, wenn wir auf
die beobachteten Zahlenwerte eingehen. Sie erinnern
sich, daß die Wellenlänge des Lichtes eine ganz außerordentlich kleine Größe ist, und gleichzeitig ist die
Fortpflanzungsgeschwindigkeit des Lichtes außerordentlich groß. Es müssen daher die einzelnen Teile ganz
außerordentlich rasch hin und her gehen, und wir

mögen uns nun die Feinheit des Lichtmediums ganz außerordentlich groß vorstellen, so lange wir unter den Teilchen überhaupt noch träge Masse uns denken, vergleichbar mit Massengrößen, wie wir sie sonst kennen, so würden immer recht beträchtliche elastische Kräfte in dem Medium anzunehmen sein, um diese außerordentlich schnellen, schwingenden Bewegungen möglich zu machen. Nach Schätzungen des großen englischen Physikers Lord Kelvin wird man für das Lichtmedium, weit entfernt, es als feines Fluidum, das durch alle Poren der dichtesten Körper hindurchdringt, ansehen zu dürfen, vielmehr genötigt, die Starrheit des gehärteten Stahls in Anspruch zu nehmen. Wohl jeder, der sich diese Konsequenzen, die aus den zahlenmäßigen Versuchsergebnissen mit Notwendigkeit folgen, einmal klar gemacht hat, wird eingestehen müssen, daß, so sehr auch alles hinweist auf einen völligen Parallelismus zwischen dem Lichte und einer transversalen Wellenbewegung, eine Deutung der Lichtwellen als elastischer Wellen nach den einfachen Regeln der Mechanik eine befriedigende Erklärung für das Wesen des Lichtes nicht ergeben kann.

Freilich ist es Fresnel, dem genialen französischen Mathematiker und Physiker gelungen, auf Grund der Vorstellung von elastischen Transversalwellen alle Interferenzerscheinungen, die bisher am Lichte zu beobachten waren, rechnerisch zu verfolgen, und so eine mathematische Theorie des Lichtes aufzustellen,

die bis in die letzten Feinheiten den beobachteten
Erscheinungen gerecht. wird. Die Theorie hat eine
ganze Reihe von neuen Erscheinungen voraussagen
lassen und ist noch nirgends mit der Erfahrung in
Widerspruch geraten, so daß man mit Sicherheit be-
haupten kann, daß sie die Erscheinungen des Lichtes
stets richtig darstellt, und das System der mathematischen Gleichungen dieser Theorie kann gewiß
niemals als falsch bezeichnet werden. Wenn wir nun
trotzdem die Voraussetzungen über die elastische Natur
des Lichtmediums, auf denen Fresnel seine Entwickelungen aufbaute, heute, nachdem wir einen genaueren Einblick in die Anforderungen, die auf Grund
der Erfahrungstatsachen an ein solches Medium zu stellen
sind, erlangt haben, als unbefriedigend bezeichnen, so
müssen wir damit eingestehen, daß eine große, inhalt-
reiche mathematische Theorie, obwohl sie auf jedenfalls falschen Voraussetzungen aufgebaut ist, doch in
allen Fällen richtige Resultate geben kann. Wenn
aber die Resultate, das heißt die gesamten mathematischen Gesetzmäßigkeiten und Regeln, die die Theorie
abgeleitet hat, richtig sind, so müßten wir offenbar
auch, wenn wir die wahre Natur des Lichtes kennen
und daher unsere Theorie des Lichtes auf die richtigen
Voraussetzungen aufbauen könnten, zu denselben Gesetzmäßigkeiten gelangen. Das heißt dann aber, es
muß außer den Erscheinungen in elastischen Körpern
unter den in der Natur vorkommenden Vorgängen

9*

noch ein anderes Gebiet, oder vielleicht auch noch mehrere ganze Gebiete geben, in welchen ganz genau die gleichen mathematischen Gesetzmäßigkeiten gelten, obwohl der innere Zusammenhang bei ihnen wesentlich anderer Art ist. In der Natur müssen weitgehende Parallelismen zwischen großen Erscheinungsgruppen bestehen, die an sich nichts miteinander zu tun zu haben brauchen. Daß Ähnliches tatsächlich oft im Reiche der Natur, wenn auch vielleicht in weniger ausgedehntem Maße, zu finden ist, übersehen wir bald, wenn wir die Bewegungen von Flüssigkeiten vergleichen mit der Wärmeleitung oder mit den elektrischen Strömen; zweifellos bestehen auch hier weitgehende mathematische Analogien, obwohl diese drei Erscheinungen doch sicher ganz verschiedener Art sind. Der Eingeweihte findet leicht noch eine große Menge solcher Parallelismen, wie zum Beispiel zwischen Kreiselbewegungen und elektrischen Induktionserscheinungen; doch wir dürfen uns nicht zu weit verlieren, sondern wollen hier nur aus diesen Tatsachen die wichtige Lehre ziehen, daß eine auf irgend eine Hypothese aufgebaute Theorie in ihren Folgerungen mit der Erfahrung noch so vollkommen übereinstimmen kann, die Richtigkeit der Hypothese selbst kann daraus niemals geschlossen werden. Die Natur ist viel zu reichhaltig, als daß sie nicht dieselben Folgerungen auch auf anderem Wege sollte bewirken können. Ob die Voraussetzungen der Hypothese der Wahrheit in der Natur entsprechen, können wir nur entscheiden, wenn wir den inneren Kern der Erscheinungen selbst beobachten; da uns hierzu aber für alle Zeit die Mittel versagt sein dürften, so werden wir weise tun, stets der hypothetischen Natur unserer wissenschaftlichen Erkenntnis eingedenk zu bleiben. Es ist eben die erste und letzte Aufgabe aller Naturwissenschaft, den richtigen und vollständigen Ausdruck für die tatsächlichen Erscheinungen zu finden; der Lösung dieser Aufgabe aber können wir uns immer mehr nähern, auch wenn unsere Entwickelungen sich sehr oft nur auf Parallelismen aufbauen. Die gefundenen Tatsachen bleiben auch noch richtig, selbst wenn wir oftmals den Weg, auf dem wir zu ihnen gelangt sind, als irrtümlich eingestehen müssen.

Als einen solchen Parallelismus müssen wir auch die Vorstellung, die das Licht als ein System elastischer Wellen ansieht, betrachten. Der Parallelismus ist in diesem Falle allerdings sehr vollkommen, so daß er über alle uns bisher bekannten Erscheinungen uns genaue Rechenschaft zu geben vermag, wollen wir daher noch weiter über die Natur des Lichtes unsere Forschungen ausdehnen, so müssen wir unsere Blicke nunmehr weiter hinausrichten und Umschau halten, nach anderen Vorgängen, die wir zu denen des Lichtes in Beziehung bringen können. Das Wesentliche, was wir am Lichte erkannt haben, ist die periodische Natur der Lichtausbreitung, und es fragt sich daher jetzt, ob es nicht noch ein anderes Gebiet gibt, in welchem analoge periodische Vorgänge auftreten können, in welchem daher auch die gleichen gesetzmäßigen Beziehungen gelten mögen. Als ein solches Gebiet offenbart sich uns dasjenige der elektrischen Schwingungen und wir werden erkennen, daß in diesem eine ganz überraschende Ähnlichkeit mit den Lichterscheinungen sich zeigt.

Um Sie in dieses Gebiet einzuführen, möchte ich Ihnen zunächst durch verschiedene Versuche einen Begriff von den Bedingungen geben, unter welchen elektrische Erscheinungen eine periodische Natur anzunehmen imstande sind. Es würde viel zu weit führen, wollte ich dazu Ihnen erst die Grunderscheinungen der Elektrizität von den Elementen her entwickeln; ich darf vielmehr wohl unmittelbar anknüpfen an eine Verwendungsweise der Elektrizität, mit der wir heutzutage durch das praktische Leben ja alle vertraut sind. Wenn ich hier an die Enden der Lichtleitung, durch welche vom städtischen Elektrizitätswerk der Strom geliefert wird, eine elektrische Lampe anschalte, so leuchtet dieselbe; wir sagen ein elektrischer Strom fließt durch die Lampe und bringt sie zum Glühen. Ich wähle als Lampe eine sogenannte Bogenlampe, in welcher zwei Kohlenspitzen einander gegenüber gestellt sind, die zunächst sich berühren und dann nach Einschalten des Stromes bei dieser Lampe durch Drehen an einer Regulirschraube

voneinander entfernt werden. Die Art der Licht-
erzeugung ist dieselbe, wie wir es in der bei allen
unseren optischen Versuchen benutzten Lampe schon
kennen gelernt haben.

Bei dieser Verwendung des elektrischen Stromes
ist zunächst noch keinerlei periodische Erscheinung
zu bemerken; jetzt füge ich jedoch an die eine Kohle

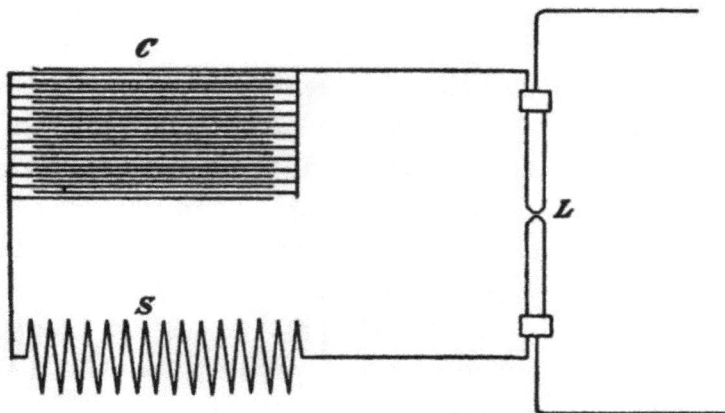

Fig. 37.
L Kohlenspitzen, S Drahtrolle, C Kondensatoren.

einen Draht an, den ich zu dem einen Ende dieser
dicken Drahtrolle hier führe; von dem anderen Ende
der Rolle führt ferner ein Draht zur einen Klemme
dieser großen Kästen, die ich Kondensatoren nennen
will, endlich ist die zweite Klemme der Kondensatoren
mit der anderen Kohlenspitze verbunden (siehe Fig. 37).

Auf diese Weise ist jetzt jedoch noch keine zweite
metallische Leitungsbahn geschaffen, durch welche

der Strom unserer elektrischen Lichtleitung sich ausgleichen könnte, sondern in den Kondensatoren findet
eine Unterbrechung statt; diese bestehen nämlich aus
einer großen Zahl von Stanniolblättern, die durch
paraffiniertes Papier voneinander getrennt sind. Es
ist das erste, dritte, fünfte usw. Stanniolblatt mit der
einen Klemme, die dazwischenliegenden, das zweite,
vierte, sechste usw. mit der anderen Klemme auf dem
Kasten verbunden. Das paraffinierte Papier, das alle
Stanniolblätter voneinander trennt, ist aber für den
Stromdurchtritt ein unüberwindliches Hindernis, und
man könnte daher meinen, daß das Hinzuschalten
einer solchen Zusammenstellung neben die Bogenlampe gar keinen Einfluß auf das Brennen derselben
haben kann, da ja der Lampe kein dauernder Strom
entzogen wird. Bringe ich jetzt jedoch die Lampe
zum Brennen, indem ich die Kohlenspitzen zur Berührung bringe und langsam voneinander entferne,
so hören Sie plötzlich einen deutlichen ziemlich hohen
Ton; die Lampe singt. Daß an diesem Ton das
Hinzuschalten der genannten Apparate schuld ist,
davon überzeugen wir uns leicht, indem wir den Draht
von einer Kohlenspitze lösen, sofort verschwindet der
Ton, schalten wir ihn wieder an, so tritt er wieder
auf. Daß ferner an der Erzeugung des Tones die
Stanniolblätter in den Kondensatoren wesentlich beteiligt sind, sehen wir, wenn wir mehr oder weniger
von den Stanniolblättern ein- oder ausschalten. Sie

hören, wie bei jeder Änderung der Schaltung von Stanniolblättern der Ton ein anderer wird, je mehr ich einschalte, desto tiefer wird er, während er bei Ausschalten in die Höhe geht. Auch die Drahtrolle ist an der Erzeugung des Tones beteiligt, denn ersetze ich sie durch eine andere kleinere, so wird der Ton ebenfalls ein anderer, höherer. Führe ich ein Bündel Eisendrähte in die Rolle ein, so beeinflußt das ebenfalls den Ton, und zwar wird er tiefer beim Eintauchen des Drahtbündels höher beim Herausziehen.

Der Ton selbst geht zweifellos vom Lichtbogen aus, das hören wir unmittelbar, wenn wir uns mit dem Ohr den verschiedenen Apparatenteilen nähern. Es bleibt uns daher nur noch übrig, zu ermitteln, was den Lichtbogen zum Tönen bringt. Wir kennen als Ursache für Veränderungen im Lichtbogen nur die, daß der Strom, der ihn unterhält, stärker oder schwächer wird, und werden daher jetzt schließen, daß bei unserer Anordnung beim Tönen der Lampe ein Strom von regelmäßig wechselnder Stärke zwischen den Kohlenspitzen übergeht. Da nun die Elektrizitätszufuhr aus der Lichtleitung eine ganz gleichmäßige ist, so muß, während im Flammenbogen der Strom abnimmt, die dann als Überschuß sich ansammelnde Elektrizität anderswohin Ableitung finden, und wir werden nicht fehlgehen, wenn wir vermuten, daß dieselben ihren Abfluß nach den Stanniolblättern hin sucht. Diese Stanniolblätter sind imstande eine gewisse Elektrizitätsmenge als Ladung auf sich anzusammeln, wir könnten uns daher eine Vorstellung von dem Verlauf der Erscheinung bei der singenden Bogenlampe machen, wenn wir annehmen, daß beim Anlegen der Drähte an die Kohlenspitze zunächst ein Teil der aus der Leitung kommenden Elektrizität nach den Stanniolblättern hinströmt, so daß während dieser Zeit der Lichtbogen selbst nur einen geringeren Strom erhält. Sobald die Elektrizität die Stanniolblätter angefüllt hat, so scheint sie sich an den trennenden Paraffinschichten zu stauen und dann von hier her zurückzufluten und wieder durch den Lichtbogen sich zu entladen, so daß dieser jetzt für kurze Zeit einen stärkeren Strom führt; danach beginnt das gleiche Spiel von neuem. Die Elektrizität scheint wie eine träge Masse in den Leitungsbahnen hin und her zu schwingen; ich sage absichtlich scheinbar wie eine träge Masse, in Wahrheit sprechen eine Menge von Gründen, auf die wir hier nicht näher einzugehen brauchen, dagegen, der Elektrizität wirkliche Trägheit zuzuschreiben; der wahre Grund für das Entstehen der oszillatorischen Bewegung liegt in den magnetischen Kräften der Drahtrolle, aber es genügt für unsere Zwecke zu sehen, daß der Verlauf des Vorganges äußerlich vergleichbar ist mit dem Schwingen von wirklichen Massen, da uns dies Bild den tatsächlichen Verlauf richtig übersehen läßt.

Wenn die Vorstellung über das Hin- und Her-
strömen der Elektrizität in der neben die Bogenlampe
geschalteten Apparatenanordnung richtig ist, so müssen
wir noch andere Wirkungen wahrnehmen können und
an diesen unsere Vorstellung prüfen. Es muß offenbar die Drahtrolle von abwechselnd entgegengesetzten
elektrischen Strömen in rascher Aufeinanderfolge durchflossen sein, und es ist ferner eine bekannte Tatsache,
daß jeder Stromwechsel in einem Drahte in einem
benachbarten Drahte einen Induktionsstrom hervorruft.
Bei der großen Rolle ist aber neben dem Draht, den
ich benutzt habe, bereits ein zweiter Draht mit aufgewickelt, der also überall jenem ersten parallel läuft.
Treten daher in dem einen Draht wirklich rasch
wechselnde Ströme auf, so müssen auch im gleichen
Rhythmus in dem zweiten Drahte Induktionsströme entstehen. Diese kann ich nun in der Tat nachweisen;
ich verbinde dazu die Enden des zweiten Drahtes mit
einem Telephon, und Sie hören, sobald ich die
Lampe wieder zum Singen bringe, wie das Telephon
einen ganz lauten Ton von sich gibt, viel lauter als
das Tönen der Lampe selbst war; und wenn ich jetzt
wieder verschiedene Teile der Kondensatoren einschalte, so ändert sich auch dieser Ton genau so
sicher wie vorhin derjenige der Lampe allein. Es
müssen also zweifellos wechselnde Ströme die Drahtrolle durchfließen genau im Rhythmus der Tonschwin-
gungen.

Noch in anderer Weise läßt sich das Vorhandensein der Wechselströme und ihrer Induktionswirkung sehr hübsch zeigen. Lege ich diesen in sich geschlossenen Aluminiumring auf die Drahtrolle, so werden auch in ihm Wechselströme durch Induktion entstehen. Werden aber einander benachbarte Drähte von Strömen durchflossen, so üben die Drähte auch eine mechanische Kraft aufeinander aus. Auch diese ist durch den Versuch zu zeigen. Ich führe dazu noch das Eisendrahtbündel in die Rolle ein; dadurch wird die gegenseitige Induktion und auch die mechanische Kraft so stark, daß im Moment, wo die Lampe ertönt, der Aluminiumring sich erhebt und sich nun frei schwebend an dem Drahtbündel erhält. Sowie jedoch der Ton erlischt, fällt der Aluminiumring wieder herab.

Aus allem diesen können wir jedenfalls das eine mit Sicherheit entnehmen, daß die Elektrizität regelmäßig schwingender Bewegungen fähig ist, sobald ein Kondensator und eine Drahtrolle parallel zu einem elektrischen Lichtbogen geschaltet sind. Die Periode der Schwingungen wird um so schneller, je kleiner der Kondensator und je kleiner die Drahtrolle ist. Da wir auf einen Vergleich mit den Lichtschwingungen hinaus wollen, ist es für uns jetzt von Interesse, zu sehen bis zu welchen Geschwindigkeiten der Oszillation sich diese Bewegung der Elektrizität treiben läßt. Leider versagt hierfür unsere bisherige Versuchsan-

ordnung bald. Das Merkmal des Tönens der Lampe
muß uns selbstverständlich schon bald im Stich lassen,
da schon die hier gehörten Töne recht hoch waren,
und wir beim Weiterhinauftreiben des Tones uns bald
der Grenze nähern, bis zu welcher unser Ohr überhaupt nur noch Töne wahrzunehmen vermag. Aber
auch, wenn wir uns auf die Wahrnehmung der In-
duktionserscheinung beschränken, so zeigt sich doch,
daß die Lampe uns bald im Stich läßt. Wenn wir
uns immer höheren Tönen nähern, indem wir immer
kleinere Schwingungskreise, wie ich die Zusammenstellung eines Kondensators mit einer Drahtschleife
nennen will, verwenden, so spricht die Lampe bald
nicht mehr an; die Schwingungen kommen gar nicht
mehr zustande. Es ist, wie wenn wir eine kleine
Pfeife anblasen wollten mit dem Mundstück einer
großen Orgelpfeife; der Lichtbogen ist als Anblase-
vorrichtung nur für die tiefen Töne zu brauchen; für
die sehr schnellen Schwingungen müssen wir uns nach
einem anderen Hilfsmittel umsehen. Als solches Mittel
bietet sich uns der scharfe Entladungsfunken dar, in
welchem sich ein geladener Kondensator entlädt, wenn
wir den Ladungen Gelegenheit gaben, sich unter
Durchschlagen einer kurzen Luftstrecke auszugleichen.
   Ich habe hier einen sehr übersichtlichen und viel-
seitig verwendbaren Kondensator, den wir in der Folge
noch oft benutzen werden. Es sind zwei Systeme von
Messingplatten, deren jedes an einer Messingsäule be-

festigt ist, so daß die Platten etwa 5 mm von einander abstehen. Die eine Säule sitzt fest an diesem
Hartgummideckel, während die andere drehbar ist, so
daß ich durch Drehen an diesem Hartgummiknopf
die beweglichen Platten verschieden weit zwischen die
festen hineinschieben kann, so jedoch daß sich die
beiden Systeme niemals direkt berühren, sondern die
Platten des einen stehen frei zwischen denen des

Fig. 38.

anderen; das Ganze taucht in Öl ein. Offenbar ver-
treten jetzt die Messingplatten die Stanniolblätter von
vorhin, und das trennende Paraffinpapier ist durch Öl
ersetzt. Ich verbinde jetzt die eine Messingsäule mit
dieser weiten Drahtrolle, die sechs Windungen dicken
Drahtes enthält, und führe von dieser einen Draht
nach der einen Kugel einer kleinen Funkenstrecke
(Fig. 38). Dieser Kugel steht in etwa 3 mm Abstand
eine zweite gleich große gegenüber, die mit der an-

deren Messingsäule des Kondensators verbunden wird. Lade ich jetzt den Kondensator, so ist zu erwarten, daß, wenn die Ladung eine gewisse Höhe erreicht hat, dieselbe sich durch die kleine Luftstrecke zwischen den Kugeln durch einen Funken entladen wird. Durch einen kleinen Ruhmkorffschen Induktionsapparat bin ich imstande, den Kondensator etwa 20 bis 30 Mal in der Sekunde so hoch zu laden, daß er jedesmal sich durch einen Funken wieder entladen kann. Wenn ich den Apparat arbeiten lasse, so sehen Sie das lebhafte und laut knackende Funkenspiel zwischen den Kugeln. Diese kräftigen Funken ersetzen uns jetzt während der kurzen Dauer ihres Bestehens den Lichtbogen der vorigen Versuchsanordnung; es zeigt sich, daß während der Dauer jedes einzelnen Funkens die Elektrizität eine ganze Reihe von Hin- und Herbewegungen durch die Drahtrolle und den Funken hindurch vollführt. Als Beweis hierfür dient uns die Tatsache, daß von der Spule aus Induktionswirkungen von einer Stärke ausgehen, die sich nur durch einen ganz außerordentlich raschen Wechsel in der Stromrichtung erklären lassen. In der Tat, halte ich jetzt diesen in nur zwei großen Windungen geschlungenen Draht, zwischen dessen Enden ich eine kleine Glühlampe eingeschaltet habe über die Spule, so treten in dem Draht so lebhafte Induktionsströme auf, daß sie die Lampe zum lebhaften Leuchten bringen. Ja es geschieht leicht, daß die Lampe, wenn ich sie zu unvorsichtig nahe an die Drahtrolle heranbringe, vollständig durchbrennt. Wir wollen uns auch noch überzeugen, daß wirklich das blendende Funkenspiel eine wesentliche Bedingung für das Entstehen der starken Induktion ist. Ich schalte dazu in die Entladungsbahn ein kleines Stück nasse Schnur ein; die Entladungen vollziehen sich auch jetzt noch durch die Funkenstrecke, aber sie sind nur noch mattleuchtend und von unbedeutendem Geräusch begleitet. Gleichzeitig sehen Sie, daß jetzt keine Spur von Aufleuchten der Glühlampe mehr eintritt. Sowie ich den Faden wieder ausschalte, sind die Funken wieder hell und laut, und die Glühlampe leuchtet.

Aus dem Leuchten der Glühlampe können wir allerdings noch nicht schließen, daß es sich auch hier um Schwingungen handelt von gleicher Regelmäßigkeit wie die Schwingungen eines Tones; aber auch hiervon können wir uns durch einen anderen Versuch überzeugen. Ich setze jetzt frei in die Mitte der Drahtrolle eine längere Spule, auf die eine Lage eines feinen, längeren Drahtes aufgewickelt ist; das obere Ende des Drahtes ist mit einer kleinen, evakuierten Glasröhre verbunden, einer sogenannten Geißlerschen Röhre, während ich das untere Ende zur Erde ableite. Auch in diesem Drahte müssen Induktionsströme auftreten, und Sie werden jetzt bemerken, daß, wenn ich das drehbare Plattensystem meines Kondensators drehe und dadurch verschieden große Teile des Kondensators zur Wirksamkeit bringe, daß dann bei einer ganz bestimmten Stellung der Platten die Geißlersche Röhre am hellsten leuchtet, drehe ich aus dieser Stellung fort, so wird das Leuchten sofort geringer. Verdunkle ich den Hörsaal vollständig, so ist auch zu beobachten, daß das hellste Leuchten der Röhre begleitet ist von lebhaften violetten Lichtbüscheln, die aus dem Ende der Röhre und auch aus den obersten Windungen des Drahtes heraussprühen. Offenbar wird in dieser Stellung die Elektrizität in der inneren Spule am lebhaftesten in Mitbewegung versetzt, in allen anderen Stellungen ist dagegen die Erregung geringer. Dies wird uns sofort verständlich, wenn wir uns denken, daß die Elektrizität in dieser Spule ebenfalls die Neigung hat, in einer ganz bestimmten Schwingungszahl sich zu bewegen. Ist nun der Rhythmus der Bewegung in unserm ursprünglichen Schwingungskreis in Übereinstimmung mit dieser Schwingungszahl, so wird die Erregung der Spule besonders leicht und stark eintreten. Nun wissen wir aber bereits, daß wir durch Verändern des Kondensators die Grundschwingung ändern, und daher leuchtet es ein, daß nur bei einer ganz bestimmten Stellung unseres Kondensators Harmonie zwischen beiden Elektrizitätsbewegungen bestehen kann, und daher kann nur in dieser einen Stellung die maximale Erregung der inneren Spule erwartet werden.

Wenn diese Überlegung richtig ist, so muß eine andere Rolle, die in unsere Spule eingesetzt wird, und die einen Draht von anderer Länge und anderer Windungszahl enthält, auch durch eine andere Grundschwingung zur maximalen Erregung gebracht werden. In der Tat, stelle ich den Kondensator auf maximale Erregung der ersten Spule ein und vertausche diese jetzt gegen eine andere Spule, so muß ich den Kondensator um ein bestimmtes Stück ändern, um wieder maximale Erregung für diese Spule zu erhalten.

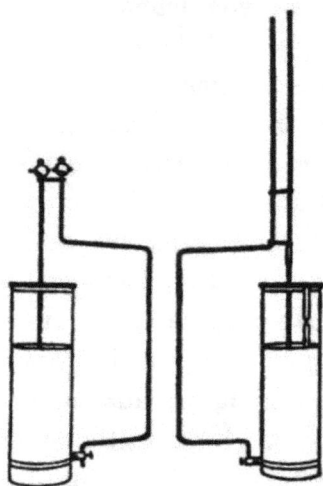

Wir dürfen hieraus wohl mit Recht schließen, daß eine bestimmte Resonanzerscheinung zwischen verschiedenen solchen Schwingungkreisen auftreten kann; das aber ist nur verständlich, wenn die Schwingungen selbst in ganz regelmäßigen Perioden verlaufen.

Fig. 89.

Noch eine andere, nicht minder auffallende Resonanzwirkung möchte ich Ihnen zeigen. Ich habe hier eine Leydener Flasche, das heißt einen innen und außen bis nahe zum Rande mit Stanniol belegten Glasbecher; derselbe stellt einen Kondensator dar. Ein weiter rechteckiger Drahtbügel stellt eine Verbindung zwischen

beiden Stanniolbelegen her, die jedoch hier oben durch
eine Funkenstrecke unterbrochen ist (Fig. 39). Neben
diese Flasche stelle ich in mehr als handbreitem Abstand
eine gleiche, mit gleichem Drahtbügel versehene, nur
ist bei dieser keine Funkenstrecke vorhanden, sondern
der Draht ist geteilt und in zwei geraden Enden nach
oben geführt, die wieder durch eine schiebbare Brücke
verbunden sind. Eine Funkenstrecke ist bei dieser
Flasche dadurch gebildet, daß ein in eine Spitze aus-
laufender Stanniolstreif von der Innen- nach der Außen-
seite herübergeführt ist; bis nahe an diesen heran ragt
eine an die Außenbelegung aufgesetzte Spitze. Lade
ich jetzt die erste Flasche von meinem Induktorium
aus, so daß sie sich durch die Funkenstrecke entladen
kann, so tritt auch zwischen den Spitzen der Flasche ein
Funkenspiel auf; das heißt, auch auf dieser gerät die
Elektrizität durch die vom Drahtbügel ausgehende Induktionswirkung so lebhaft in Bewegung, daß hohe
Ladungen auf den Belegen sich sammeln, die sich
im Funken teilweise ausgleichen. Verschiebe ich
jedoch die Brücke auf den Paralleldrähten, so wird
dadurch der Leitungsweg in der zweiten Flasche
länger als in der ersten; sie bekommt eine andere
Periode der Eigenschwingung und wird daher nicht
mehr durch die benachbarte Flasche zur höchsten
Stärke erregt; in der Tat sehen Sie, daß beim Verschieben der Brücke das Funkenspiel zwischen der
Spitze aufhört, bringe ich die Brücke wieder in die

alte Lage, so setzt es sofort wieder ein. Auch hier
haben wir offenbar einen Fall von Resonanz, und wir
sehen, eine wie einfache Anordnung bereits ausreicht,
um ein System auf eine bestimmte Grundschwingung
abzustimmen.

Diese Versuche dürften zunächst genügen, um uns
von der Möglichkeit vollkommen regelmäßiger Oszil-
lationen der Elektrizität mit Sicherheit zu überzeugen;
unsere nächste Aufgabe wird sein, in das Studium
dieser elektrischen Schwingungen und die Ausbreitung
ihrer Wirkung näher einzudringen.

Achte Vorlesung.

Mittel zum Nachweis elektrischer Schwingungen. — Der offene Schwingungskreis. — Fernwirkung offener Schwingungskreise. — Die Wellentelegraphie, Sendestation. — Der Kohärer. — Der Empfänger.

Zweierlei Anzeichen waren es, aus welchen wir in der vorigen Vorlesung auf die vollkommene Regelmäßigkeit der elektrischen Schwingungen in einem aus Kondensator und Drahtschleife bestehenden System geschlossen haben; einmal der regelmäßige Ton, in welchem unsere Bogenlichtlampe ertönte, und dann vor allem die deutlichen Resonanzwirkungen, die sich beobachten ließen. Wenn wir jetzt an die genauere Untersuchung dieser Vorgänge herantreten wollen, so wird es zunächst erforderlich sein, uns mit feineren Mitteln bekannt zu machen, welche uns das Vorhandensein solcher Schwingungen erkennen lassen. Ein solches Mittel benutzten wir bereits, als wir an das eine Ende einer Spule eine Geißlersche Röhre anschlossen. Das Aufleuchten dieser Röhre gibt uns den Nachweis, daß an dem Ende der Spule lebhafte elektrische Spannungen auftreten. Derartige Röhren kann man zu einer außerordentlichen Empfindlichkeit bringen, wenn man sie sorgfältig auf die günstigste Luftverdünnung evakuiert und dann noch künstlich

auf elektrischem Wege eine Spur Natrium einführt.
Bringen wir eine solche Röhre an den Teil eines
Schwingungskreises, an welchem die elektrischen Ladungen, wie wir sagten, sich stauen, also in die Nähe
des Kondensators, so läßt das Aufleuchten der Röhre
noch außerordentlich schwache Schwingungen nachweisen. Um Ihnen die Empfindlichkeit und zugleich
auch die Genauigkeit des Arbeitens solcher Röhren

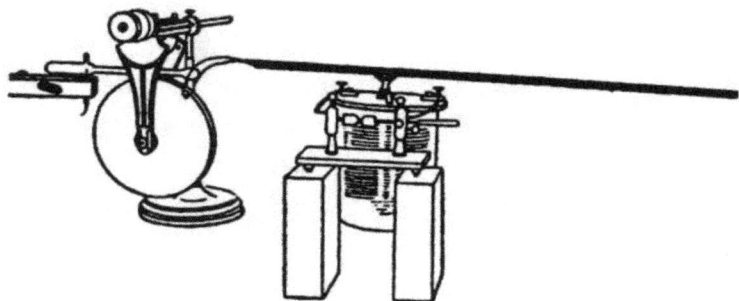

Fig. 40.

zu zeigen, habe ich hier wieder einen Schwingungs-
kreis hergestellt (Fig. 40). Derselbe besteht aus dem
Petroleumkondensator, den Sie bereits aus der vorigen
Vorlesung kennen, an diesen sind bereits zwei gerade,
parallel geführte Drähte angesetzt, die in einigem
Abstand rechtwinkelig aufeinander zu gebogen und
dann an die Funkenstrecke angeschlossen sind. Dieser
Schwingungskreis wird vom Induktorium aus erregt.
Quer über diesen Schwingungskreis in gut handbreitem
Abstand davon lege ich jetzt eine Holzleiste, auf

welcher in 5 cm Abstand von einander zwei Kupferdrähte von etwa 2 m Länge ausgespannt sind. Das
eine Ende dieser Drähte ist an zwei Platten herangeführt, die einen Kondensator bilden. Damit nun
dies obere System ebenfalls einen vollständigen
Schwingungskreis bildet, mußten noch die freien Enden
der Drähte miteinander verbunden werden; es geschieht
dies dadurch, daß ich eine Drahtbrücke an irgend
einer Stelle quer über die Drähte lege; durch Verschieben der Drahtbrücke kann ich beliebige Längen
der Drähte einschalten und dadurch diesen sekundären
Schwingungskreis auf verschiedene Schwingungszahlen
abstimmen. Das Auftreten elektrischer Schwingungen
wird jetzt dadurch angezeigt, daß die empfindliche
Vakuumröhre an die Platten des Kondensators an-
gelegt wird. Errege ich den primären Schwingungskreis und schiebe die Drahtbrücke von dem äußersten
Ende der Drähte her langsam an den Drähten entlang,
so sehen Sie bald ein Aufleuchten der Röhre eintreten,
dasselbe nimmt rasch an Lebhaftigkeit zu, in einer
bestimmten Stellung der Brücke ist die Erregung
der Schwingungen im Sekundärkreis so stark, daß
lebhafte Funken zwischen den Kondensatorplatten
auftreten; gehe ich mit der Drahtbrücke weiter, so
verschwinden die Funken wieder, und das Leuchten
der Röhre nimmt rasch wieder ab. Die Lage der
Drahtbrücke, die dem stärksten Leuchten und dem
Auftreten der Funken entspricht, begrenzt offenbar

den sekundären Schwingungskreis so, daß er in Resonanz mit dem Primärkreis steht. Wie fein und scharf diese Resonanz ausgeprägt ist, erkennen Sie, wenn ich das Plattensystem des Ölkondensators eine Spur verstelle, sofort erlischt die Leuchtröhre und ich muß die Brücke an eine andere Stelle verschieben, um die Resonanz wieder herzustellen. Ebenso kann ich die beiden Platten des Sekundärkreises durch eine angebrachte Mikrometerschraube ein wenig verstellen, sofort muß ich, um das Aufleuchten wieder zu erhalten, entweder die Brücke verschieben, oder den Ölkondensator verstellen. Ich kann auch die Holzleiste mit den Paralleldrähten um erhebliches höher über dem Primärkreis aufstellen, beträgt z. B. der Abstand beider Schwingungskreise 25 cm, so reicht noch immer die Empfindlichkeit der Leuchtröhre aus, um eine außerordentlich scharfe Einstellung auf Resonanz erkennen zu lassen.

Während die Leuchtröhre uns erkennen läßt, daß an bestimmten Stellen lebhafte, elektrische Ladungen auftreten, gibt es noch ein anderes Mittel, das sogar mit noch etwas größerer Empfindlichkeit den Nachweis der in der Drahtleitung fließenden elektrischen Ströme bringt. Es beruht dies auf der Eigenschaft der Ströme, in der von ihnen durchflossenen Leitung Wärme zu entwickeln. Zu dem Zwecke ist hier ein Drahtstück an einer Hartgummiplatte befestigt und kann an Stelle der bisherigen Brücke über die langen Drähte gelegt werden. Dieses Drahtstück ist jedoch in der

Mitte durchbrochen, und an jedes Ende ist ein feiner
nur 0,025 mm dicker Draht angelötet, der eine von
Eisen, der andere von Konstanten (siehe Figur 41.)
Beide Drähte sind einander entgegengeführt, dann einmal umeinander geschlungen und zur Seite herausgeführt. Treten nun elektrische Schwingungen im
Sekundärkreis auf, und durchfließen daher elektrische
Ströme diese Brücke, so wird das kleine Stück der
feinen Drähte erwärmt werden. In der Mitte der
Brücke berühren sich
aber die beiden ver-
schiedenen Metalle,
und wir wissen, daß,
wenn eine solche Be-
rührungsstellezweier
Metalle erwärmt
wird, daselbst eine

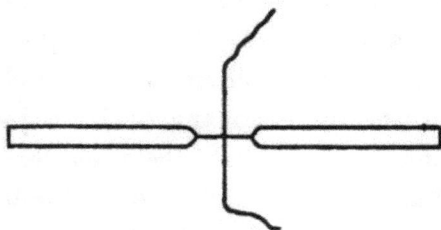

Fig. 41.

sogenannte thermoelektrische Kraft auftritt. Ver-
binden wir die freien Enden der feinen Drähte mit
einem Instrumente, das außerordentlich schwache
Ströme nachweisen läßt, so wird sich in diesem die
Erwärmung der Drahtbrücke an dem Auftreten eines
Thermostroms erkennen lassen.

Als solches empfindliches Instrument zum Nachweisen des Stromes habe ich ein Galvanometer auf
einer Wandkonsole stehen, und ein Paar Leitungs-
drähte führen zu demselben hinüber. Das Auftreten
eines Stromes macht sich in dem Instrumente dadurch

bemerkbar, daß ein kleiner Spiegel in demselben eine
Drehung erfährt. Dieser Spiegel wirft nun den Schein
einer Nernstlampe auf jene Skala an der Wand, und
jede Bewegung des Spiegels macht sich dadurch bemerkbar, daß der helle Lichtfleck auf der Skala
wandert. Ich lege jetzt diese mit dem Thermoelement versehene Brücke auf die langen Drähte, und es zeigt
sich in der Tat, daß beim Erregen der Schwingungen
der Lichtfleck wandert und eine neue Lage auf der
Skala einnimmt. Gehe ich jezt mit der Brücke hin
und her und nähere mich der Stelle, an welcher ich
vordem die Resonanz beider Schwingungskreise wahr-
nahm, so wandert der Lichtfleck jetzt weit über die
Skala hinaus und zeigt dadurch an, daß auch jetzt
wieder eine verhältnismäßig starke Erregung der elektrischen Schwingungen eingetreten ist. Die Größe
der Ausschläge des Lichtfleckes läßt uns ohne weiteres
voraussehen, daß wir noch weit geringere Erregungen
werden wahrnehmen können. In der Tat können wir
den Abstand beider Schwingungskreise noch wieder
auf das Doppelte vergrößern und sind dann immer
noch mit Sicherheit in der Lage, die auftretenden
Schwingungen zu beobachten und die Resonanz festzustellen.

Es ist für das Weitere von Wichtigkeit, daß wir
uns klar machen, in welcher Weise die Erregung auf
den Sekundärkreis von dem Primärkreis aus über-

tragen wird. Die Ströme in diesem letzteren fließen von dem einen Plattensystem des Kondensators durch die Drahtschleife und Funkenstrecke nach dem anderen Plattensystem; das heißt, sie durchfließen eine bis auf den geringen Plattenabstand vollkommen geschlossene Bahn. Solche Ströme üben aber, wie aus den allgemeinen Gesetzen der elektrischen Ströme bekannt ist, magnetische Kräfte aus. Schwillt der Strom im Primärkreis an, so erfüllt sich der umgebende Luftraum mit nach bekannten Gesetzen verteilten magnetischen Kräften an. Der Bereich dieser Kräfte reicht um so weiter, je größer die Stromstärke ist, und wenn diese wieder zurückgeht, so schwinden auch die magnetischen Kräfte wieder zurück. Sobald nun diese magnetischen Kräfte die Drähte des Sekundärkreises erreichen, so wird dort, wo beide sich treffen, also in erster Linie in den gerade übereinanderliegenden Teilen, ein Induktionsstrom entstehen. Die Gesetze der magnetischen Fernwirkungen geschlossener Strombahnen und die Regeln, nach welchen aus ihnen Induktionsströme hervorgehen können, sind aber genau bekannt und werden in der allgemeinen Elektrizitätslehre gelehrt. Wir könnten sie durch unsere Versuchsanordnung prüfen und würden sie stets bestätigt finden. Es hat jedoch für uns keinen Wert, solche Versuche hier auszuführen, da sie nichts neues bieten würden, was sich nicht auch mit einfacheren Mitteln erkennen ließe. Als für den Augenblick wesentlich mag aus

diesen Beziehungen nur das erwähnt werden, daß die
Fernwirkungen unter diesen Verhältnissen sich immer-
hin nur bis zu mäßigen Entfernungen werden verfolgen lassen, da die magnetischen Kräfte geschlossener
Strombahnen unter allen Umständen sehr rasch ab-
nehmen, so daß sie bald zu verschwindend geringer
Stärke herabsinken. Ein Durchmessen des Raumes
nach Art, wie die Lichtwellen denselben durcheilen, ist
bei dieser Art Fernwirkung elektrischer Kräfte jedenfalls ausgeschlossen.

Es läßt sich an elektrischen Schwingungskreisen
aber noch eine ganz andere Anordnung treffen, auf
welche die bekannten Gesetze der Fernwirkung keine
Anwendung finden, und für die daher ganz neue Beziehungen gelten. Ich entferne jetzt den bisher benutzten, sekundären Kreis und stelle dafür eine kleine
Rolle aus zehn Windungen dünnen Drahtes hier in
die Mitte des Primärkreises. (Fig. 42.) Die Enden
des Drahtes führe ich wieder an die beiden Platten
eines Kondensators. Ich habe dadurch einen anderen
Sekundärkreis, der zunächst ebenfalls ein geschlossener Kreis ist, da die Kondensatorplatten dicht beieinander stehen. Durch Anlegen der Leuchtröhre an
die Platten kann ich erkennen, ob der Sekundärkreis
beim Schwingen des Primärkreises mit anspricht.
Durch Stellen am Ölkondensator kann ich wieder
leicht Resonanz zwischen beiden Kreisen herstellen.
Ich ziehe jetzt die beiden Platten des Sekundärkreises

etwas auseinander und muß nun am Ölkondensator
nachstellen, um abermals Resonanz zu erhalten. Dies
kann ich mehrfach wiederholen und so mit den Platten des Sekundärkreises immer weiter auseinanderrücken und schließlich so weit gehen, daß man gar
nicht mehr im gewöhnlichen Sinne von einem Kondensator sprechen würde; denn ich habe die Platten
jetzt so weit voneinander entfernt (siehe die Fig. 42),

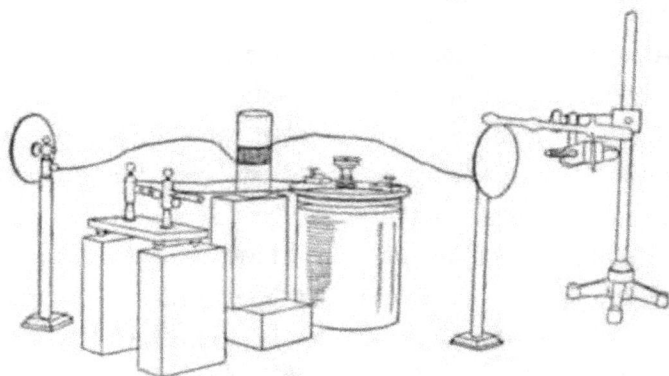

Fig. 42.

wie die Länge des dünnen Drahtes es überhaupt nur
gestattet. Die Platten kehren gar nicht mehr ihre
Vorderseiten einander zu, sondern sind ganz nach
entgegengesetzten Seiten von einander abgewendet, und
immer noch zeigt die Leuchtröhre an, daß Resonnanz
mit dem Primärkreise herzustellen ist. Jetzt können
wir aber den Sekundärkreis gar nicht mehr einen
geschlossenen Stromkreis nennen, und wenn wir auf die
Fernwirkung eines in dieser Form gebildeten Schwin-

gungskreises eingehen wollen, so lassen uns die bekannten Gesetze magnetischer Wirkungen vollständig
im Stich. Der Stromverlauf in einem derartigen
offenen Stromkreis läßt sich in keiner Weise mit dem
eines konstanten Stromes vergleichen, da letzterer stets
in einer geschlossenen Bahn fließen muß, und daher
sind auch alle Gesetze über die magnetischen Kräfte
der konstanten Ströme bei der Betrachtung der Fernwirkung offener Schwingungskreise nicht mehr an-
wendbar. Ausgehend von diesen offenen Schwingungskreisen gelangen wir in ein völlig neues Gebiet, welches durch Versuche erschlossen zu haben, das un-
sterbliche Verdienst des leider so früh verstorbenen
Heinrich Hertz ist.

Daß von solchen offenen Schwingungskreisen aus
Wirkungen auf vordem ganz ungeahnte Tragweiten
hin sich ausbreiten, davon hat die Technik in neue-
ster Zeit einen Beweis erbracht, der in seiner prak-
tischen Anwendung und Bedeutung schon zum All-
gemeingut zu werden beginnt. Es ist dies die drahtlose Telegraphie, denn ihre Erfolge beruhen tatsächlich auf der Anwendung offener elektrischer Schwingungskreise, und daß sie ihre Zeichen mit Sicherheit
auf mehrere hundert Kilometer hinaussenden kann,
ist wohl der deutlichste Beweis, daß wir es hier
mit einer Erscheinung zu tun haben, die das Gebiet
der einfachen, magnetischen Fernwirkungen überschreitet. Bevor ich daher näher auf die Natur der

Ausbreitung der Fernwirkungen offener Schwingungskreise eingehe, gestatten Sie mir wohl, daß ich meine
Behauptung, die drahtlose Telegraphie arbeite mit
offenen Schwingungskreisen, durch Erläutern eines
Modells einer solchen
Telegraphenstation
vor Ihnen rechtfertige.
Diese kleine Appara-
tenzusammenstellung
(Fig. 43) stellt eine
Senderstation nach
dem System Siemens-
Braun dar, und Sie
sehen, dieselbe be-
steht aus einer Anzahl
Leydener Flaschen,
an welche auf der
einen Seite eine Fun-
kenstrecke, auf der
anderen ein einfacher
Kupferbügel ange-
schlossen ist. Offen-

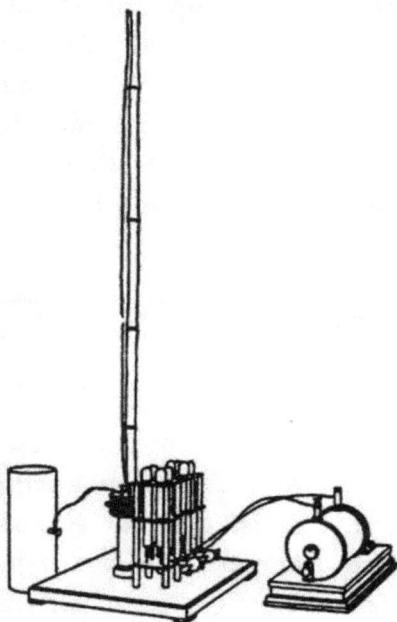

Fig. 43.

bar entspricht dieses System genau unserem primären Schwingungskreis. In den Kupferbügel ist
eine kleine, auf Hartgummi aufgewickelte Drahtspule
frei hineingestellt, welche der kleinen Drahtspule bei
meinem letzten Versuch genau entspricht. Während
ich nun in meinem Versuch die Enden des Drahtes

zu zwei Platten geführt hatte, ist hier das eine Ende an einen größeren, freistehenden Metallkörper angeschlossen, während das andere Ende an einen an diesem Mast hinaufgeführten Draht befestigt ist. Am oberen Ende trägt der Draht noch eine korbartige Erweiterung, die wir als der einen Platte unseres letzten Versuches entsprechend ansehen können. Die Sendestation entspricht also in allen Teilen unserm Versuche; um nun auch die Empfangseinrichtung zu verstehen, müssen wir noch das einfache und außerordentlich empfindliche Mittel kennen lernen, mit

Fig. 44.

welchen man in der drahtlosen Telegraphie die Fernwirkung der elektrischen Schwingungen wahrzunehmen pflegt. Es ist dies der sogenannte Kohärer, ein einfaches Röhrchen, in das von beiden Seiten Metallstöpsel eingefügt sind, die mit ihren glatten Endflächen bis auf wenige Millimeter einander genähert sind. (Fig. 44.) Der Zwischenraum zwischen den Stöpseln ist mit einer kleinen Menge Metallfeilicht von einem harten scharfkantigen Metall lose ausgefüllt.

Die Wirkung eines derartigen Kohärers beruht auf der besonderen Eigentümlichkeit des Metallpulvers, daß es für gewöhnlich, wenn es lose eingefüllt ist, dem Durchgang des elektrischen Stromes einen sehr

bedeutenden Widerstand entgegengesetzt, obwohl doch
stets Metall an Metall liegt. Wir erkennen dies daran,
daß eine elektrische Glocke, die sonst durch zwei
Trockenelemente leicht zum kräftigen Läuten gebracht
wird, nicht mehr erklingt, wenn wir in den Stromkreis einen solchen Kohärer einfügen. Eine solche
Zusammenstellung von Kohärer, Glocke und zwei Elementen habe ich hier aufgestellt; die Glocke läutet
in der Tat nicht. So wie ich jetzt jedoch den Schwingungskreis, wie ich ihn noch von dem letzten Versuch her hier stehen habe, errege, so fängt plötzlich
die Glocke zu läuten an, obwohl der Kohärer 3 Meter
von dem Schwingungskreis entfernt steht. Der Kohärer ist also plötzlich leitend geworden und bleibt
es jetzt dauernd, denn die Glocke läutet fort, obwohl
die elektrischen Schwingungen längst aufgehört haben.
Sowie ich jedoch einen leichten Schlag gegen den
Kohärer ausführe, so daß die Metallkörperchen ein
wenig durcheinander geschüttelt werden, so verstummt
die Glocke; der Kohärer ist wieder in seinen früheren
nichtleitenden Zustand zurückgekehrt. Der Versuch
kann jetzt mit dem gleichen Erfolge wiederholt werden,
er gelingt stets mit gleicher Sicherheit.

Es ist schwer zu sagen, welche Veränderung dabei
infolge der von den elektrischen Schwingungen ausgehenden Fernwirkungen in dem Metallpulver des
Kohärers vor sich geht, aber wir kommen vielleicht
der Wahrheit nahe, wenn wir annehmen, daß jedes

Metallkörperchen noch von einer außerordentlich feinen Lufthaut umgeben ist, die dem Durchgang des elektrischen Stromes unter gewöhnlichen Verhältnissen hindernd entgegensteht. Wenn jedoch die von den elektrischen Schwingungen ausgehenden Induktionswirkungen den Kohärer erreichen, so treten vielleicht minimale Füukchen zwischen den Metallkörnern auf, die ausreichend sind, um die dünne Lufthaut zu durchschlagen und so die leitende Verbindung von Korn zu Korn herzustellen. Erst wenn die Körner wieder mechanisch durcheinander geworfen werden, wird die durch die Fünkchen hergestellte Brücke wieder zerstört und die Leitung unterbrochen.

Damit ein solcher Kohärer zur Empfangnahme regelmäßiger Zeichen geeignet wird, ist noch erforderlich, daß er, sobald er durch eine einmalige Erregung leitend geworden ist, sich selbst wieder außer Tätigkeit setzt, um für das nächste Zeichen bereit zu sein. Es wird dies dadurch erreicht, daß der Strom der durch den Kohärer selbst geschlossen wird, zugleich einen Hammer in Bewegung setzt, der gegen den Kohärer anschlägt und ihn dadurch erschüttert, so daß er sofort wieder sein Leitvermögen verliert.

Nachdem wir diese Wirkungsweise des Kohärers übersehen gelernt haben, wird es jetzt leicht sein, auch die ganze Anordnung des Empfangsapparates für drahtlose Telegraphie zu verstehen und ihre Übereinstimmung mit der Wirkung aufeinander abge-

stimmter Schwingungskreise zu erkennen. Die Figur 45
stellt die Schaltungsweise der Empfangsstation dar.
Wir sehen zunächst wieder den Empfangsdraht *A B*,
der an einem dem
vorigen Maste glei-
chen herunter ge-
führt ist; an diesen
schließen sich eini-
ge Drahtwindun-
gen an, deren an-
deres Ende zu dem
Metallkörper *C*
führt. Dieser Kreis
entspricht offenbar
genau dem offenen
Schwingungskreis
der Sendestation
und ist auf diesen
abgestimmt. Die
Drahtwindungen
wirken induzierend
auf eine in sie hin-
eingesetzte kleine

Fig. 45.

Spule, welche nun mit einen Kondensator *D* zu einem
mit dem ersten in Resonanz befindlichen Schwingungskreis verbunden ist. In diesem Kreis liegt dann der
Kohärer *F* und parallel zum Kondensator *D* ist noch
ein Element *E* und der Anker *G* eines Telegraphen-

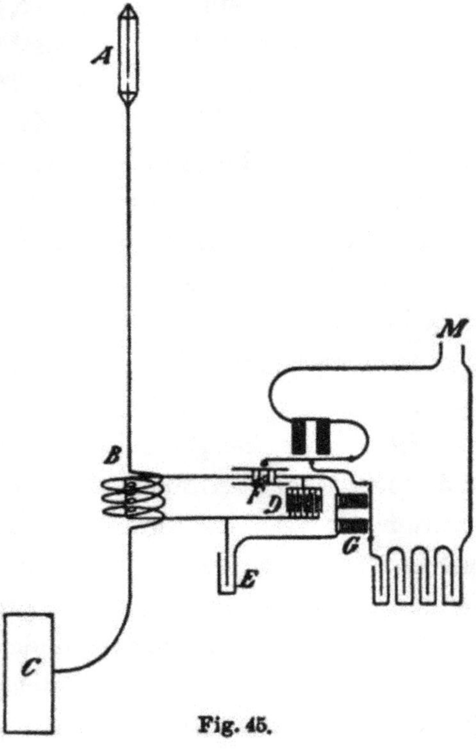

11*

relais geschaltet. Treten elektrische Schwingungen in dem System auf, so wird der Kohärer leitend, der Magnet des Relais zieht einen Anker an, und dadurch wird nun ein weiterer Stromkreis geschlossen, der mehrere Elemente, ein Rasselwerk und eventuell noch eine Glocke oder einen Morse-Telegraphenapparat enthält. Wird dieser Kreis durch das Relais geschlossen, so schlägt der Hammer des Raßlers gegen den Kohärer, und das Relais öffnet sich wieder. Gleichzeitig mit dem Raßler schlägt auch die Glocke an, oder der Morsetelegraph markiert ein Zeichen.

Obwohl ich den Empfangs- und den Sendeapparat in entgegengesetzten Ecken des Saales aufgestellt habe, hören Sie, wie mit jedem Funkenspiel des Senders die Glocke des Empfängers momentan mit anspricht und sofort nach Aufhören des Funkenspiels wieder verstummt. Man ist dadurch in der Lage, durch Zusammenfügen langer und kurzer Zeichen nach Art des Morsealphabets eine Zeichensprache mit Sicherheit zu übertragen. Diese kleinen Modellapparate gestatten mit Leichtigkeit eine solche Zeichensendung bis über 20 Meter, bei guter Abstimmung sogar bis zu 100 Metern. Die großen Apparate der praktisch ausgeführten Stationen lassen, wie bereits erwähnt, auf mehrere hundert Kilometer eine Verständigung mit Sicherheit erreichen.

Wir finden also in der Tat bestätigt, daß die Einwirkung aufeinander abgestimmter offener Schwingungskreise auf ganz außerordentliche Entfernungen nachweisbar ist, und werden daher in dieser Art Fernwirkung eine besondere Art gesetzmäßiger Ausbreitung vermuten müssen, die von den bekannten elektrischen und magnetischen Fernwirkungen abweicht. Um diese neuen Erscheinungen eingehender kennen zu lernen, wird es jedoch unsere nächste Aufgabe sein müssen, von den immer noch verhältnismäßig großen Schwingungskreisen, mit denen wir bisher gearbeitet haben, zu wesentlich kleineren herunterzugehen, damit die Erscheinungen, die wir nunmehr zu beobachten haben werden, den Raum dieses Hörsaals nicht ganz bedeutend überschreiten.

Neunte Vorlesung.

Wir haben bei unseren Versuchen mit elektrischen Schwingungen verschiedentlich zu beobachten Gelegenheit gehabt, wie durch Verändern der Drahtlänge des Schwingungskreises oder auch durch Verkleinern des Kondensators die Schwingungsdauer der elektrischen Schwingungen geändert werden konnte, und insbesondere konnten wir verfolgen, daß beim Verkleinern der Dimensionen die Schwingungen immer schneller verliefen, die Schwingungszahl wurde eine immer höhere. Für die folgenden Versuche, an welchen wir die gesetzmäßige Ausbreitung der Fernwirkung offener Schwingungskreise uns klar machen wollen, wird es nötig sein, möglichst kurze Schwingungen zur Beobachtung zu haben, und wir müssen daher zunächst eine Versuchsanordnung konstruieren, die derartige sehr kurze Schwingungen hergibt, die aber doch noch kräftig genug sind, um mit unseren Mitteln nachgewiesen zu werden, und die zugleich auch noch so regelmäßig

verlaufen, daß alle Gesetzmäßigkeiten an ihnen erkennbar werden.

Hertz selbst arbeitete bei seinen Versuchen mit
einem höchst einfachen Erreger elektrischer Schwingungen, in welchen alles für einen Schwingungskreis
Erforderliche auf das geringste reduziert war. Er
stellte zwei Messingzylinder von je 12 cm Länge und
4 cm Dicke mit kugelförmigen Enden auf wenige
Millimeter Abstand einander gegenüber und ließ sie
sich durch Funken gegeneinander entladen (siehe Fig. 46).
Die verhältnismäßige große Oberfläche der dicken
Metallkörper vertrat die Kondensatorflächen und die Längs-
erstreckung des Ganzen war an
Stelle der Drahtleitung getreten.

Fig. 46.

Mit diesem einfachen Erreger gelang es ihm die
ganzen zu ermittelnden Gesetzmäßigkeiten aufzuklären.
Nachdem jedoch einmal der Zusammenhang der in
Frage kommenden Erscheinungen durch die zum
Teil äußerst subtilen, wissenschaftlichen Untersuchungen festgestellt ist, ist es nachträglich nicht
schwer gewesen, die Versuchsanordnungen zu vervoll-
kommnen und die zu beobachtenden Wirkungen bedeutend zu verstärken. Wir werden uns daher auch
nicht der einfachen Hertzschen Anordnung bedienen,
sondern ich habe hier einen Schwingungserreger oder
Oszillator hergestellt, wie er zuerst von dem französischen Physiker Blondlot angegeben ist. Das Prinzip

dieses Apparates ist das, daß zunächst in einem vollkommen geschlossenen Schwingungskreise elektrische Schwingungen von der gewünschten sehr großen Schwingungszahl möglichst kräftig hervorgerufen werden, und daß von diesen aus der offene Schwingungskreis, dessen Wirkungen wir beobachten wollen, seine Erregung empfängt. Den Vorteil, den wir durch eine derartige Anordnung gewinnen, erkennen wir durch folgende Überlegung. Ein gerader, offener Schwingungskreis übt, wie wir am Beispiel der Wellentelegraphie erkennen, eine recht bedeutende Wirkung in die Ferne aus, das heißt aber, er gibt sehr viel Energie nach außen hin ab. Die Folge davon ist, daß seine Eigenschwingungen immer sehr schnell erschöpft sind und daher von einem solchen einfachen Oszillator nur ganz wenige Schwingungen wirklich zustande kommen. Anders bei einem geschlossenen Schwingungskreis. Hier findet keine solche Energieabgabe statt, und deswegen halten die Schwingungen auch länger vor; koppeln wir daher den geraden Oszillator mit einem geschlossenen zusammen, so kann der letztere dem ersteren noch weitere Schwingungen mitteilen, wenn dieser sonst schon längst ausgeklungen hätte. Die Schwingungen werden also langdauernder und dadurch ihre Wirkungen auch besser und genauer erkennbar. Es ist dies im übrigen dasselbe, das auch von Braun in die Wellentelegraphie eingeführt wurde, und das wir an den Apparaten zur

Wellentelegraphie, die ich in der vorigen Vorlesung
beschrieben habe, ebenfalls angewandt finden. Auch
dort hatten wir einen geschlossenen primären Schwingungskreis, welcher den offenen sekundären speiste.
Der Blondlotsche Oszillator besteht zunächst aus
zwei dicken halbkreisförmig gebogenen etwa 2 mm
dicken Messingbügeln; diese sind so gestellt, daß sie
einen fast geschlossenen Kreis von $6^1/_2$ cm Durchmesser bilden, die einen Enden stehen dabei ungefähr

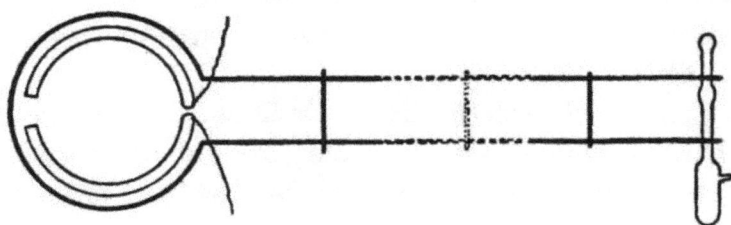

Fig. 47.

1 mm voneinander entfernt, während zwischen den anderen Enden ein größerer Abstand ist (Fig. 47). Diese
beiden Metallkörper stellen den primären Oszillator
dar, sie werden durch zwei Drahtleitungen geladen,
die zu den beiden dicht gegenüberstehenden Enden
geführt sind; damit möglichst hohe Ladungen verwendet werden können, ist das Ganze in Petroleum
getaucht; der Funkenausgleich muß unter Petroleum
erfolgen. Auch in diesem Oszillator stellt die Oberfläche der Metallkörper die Kondensatorflächen dar,
und die Halbringe entsprechen der Drahtschleife.

Offenbar ist dieser Oszillator noch ein fast geschlossener Stromkreis.

Etwa in 3 mm Abstand um diesen Oszillator herum befindet sich ein zu einem Kreise fast vollständig zusammengebogener Messingring, dessen Enden jedoch aus dem das Öl enthaltenden Gefäß herausgeführt und zunächst an zwei 2 m lange Drähte angeschlossen sind. Wird jetzt der kleine Oszillator erregt, so ruft er in dem benachbarten Messingring Induktionsströme hervor genau in dem Rhythmus der eigenen Schwingungen, und diese pflanzen sich in die geraden Drähte hin fort.

Bevor ich jedoch diesen Oszillator errege, muß ich noch einiges sagen über die Art, wie derselbe am besten erregt wird. Würde derselbe direkt von meinem Induktionsapparat gespeist werden, so würde nicht das günstige Resultat erzielt werden; die Ladungen vom Induktionsapparat aus erfolgen immer noch verhältnismäßig langsam, so daß sich ein Teil der Ladung auf den kleinen Metallbügeln noch vor dem Einsetzen der Funken wieder durch das Petroleum hindurch verlieren würde, und da es bei den kleinen Apparaten sehr darauf ankommt, alle Vorteile auszunützen, um noch möglichst kräftige Wirkungen zu erhalten, so tun wir gut, einen Kunstgriff anzuwenden, durch welchen die Ladung des Oszillators sehr viel plötzlicher und zugleich auch häufiger bewirkt wird. Wir erregen zu dem Zweck von dem Induktionsapparat aus zunächst einen größeren Schwingungkreis, wie wir ihn in den letzten Vorlesungen mehrfach benutzt haben. Derselbe besteht wieder aus unserem Petroleumkondensator einer Funkenstrecke und einer Reihe Windungen dicken Drahtes (Fig. 48). Von diesen Windungen aus wird eine zweite Spule mit vielen Windungen feinen Drahtes erregt, welche nun den kleinen Oszillator speist, und ich brauche wohl kaum zu erwähnen, daß zwischen

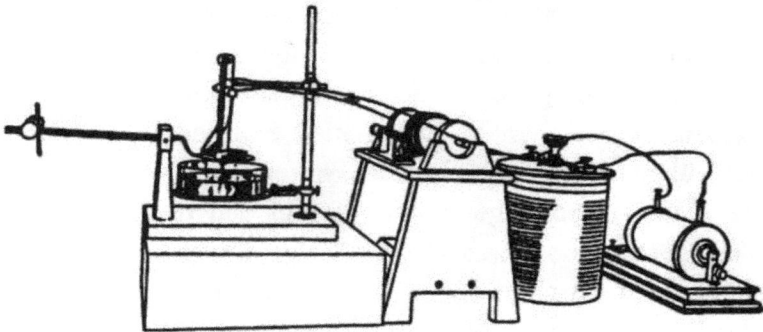

Fig. 48.

dieser zweiten Spule und dem primären Schwingungskreis Abstimmung hergestellt ist. Dadurch, daß wir die Ladung von einem solchen Schwingungskreis aus bewirken, erreichen wir, daß der Oszillator seine volle Ladung in der außerordentlich kurzen Zeit erhält, innerhalb welcher die Schwingungen im Primärkreis verlaufen und da außerdem in jedem einzelnen Funken des Primärkreises bereits eine Reihe von Schwingungen stattfinden, so erhalten wir auch eine entsprechend häufige Ladung unseres Oszillators.

Ich werde jetzt den Oszillator spielen lassen und werde, um die Erregung der langen Drähte sichtbar zu machen, über das Ende derselben eine empfindliche Vakuumröhre legen. Sie sehen, daß beim Einsetzen des Funkenspiels die Röhre aufleuchtet, es werden also jedenfalls elektrische Erregungen auf die Drähte übertragen. Jetzt werde ich mit einem kurzen Drahtbügel die Drähte nahe am Anfange überbrücken, das Leuchten der Röhre erlischt. Schiebe ich jedoch die Brücke langsam von dem Oszillator fort auf den Drähten entlang, so erreiche ich bald eine Lage derselben, bei welcher die Röhre wieder aufleuchtet, gehe ich über diese Lage hinaus, so erlischt sie wieder. In dieser einen Lage treten also auf den freien Enden der Drähte wieder elektrische Schwingungen auf, obwohl doch durch die Drahtbrücke die im ersten Teil der Drahtleitung induzierten Ströme ihren vollständigen Ausgleich finden können.

Wir wollen jetzt die Drahtbrücke wieder in die Stellung bringen, in welcher die Röhre zum Leuchten kommt, und nun die Art der elektrischen Erregung der freien Drahtenden näher verfolgen. Ich führe dazu eine zweite Vakuumröhre nahe über den Drähten entlang. Halte ich diese Röhre dicht an die Brücke, so leuchtet sie nicht, gehe ich weiter fort, so tritt in etwa 15 cm Abstand von der Brücke ein Aufleuchten ein, dasselbe wird heller und ist in 18 cm Abstand am hellsten, dann läßt es wieder nach, um bei etwa

21 cm Abstand zu verschwinden. Gehe ich weiter, so beginnt es wieder bei 51 cm und erreicht bei 54 cm wieder ein Maximum. Und so geht es fort; in den Abständen 18, 54, 90, 26, 162 von der Brücke ist ein deutliches Maximum des Leuchtens zu erkennen, dem sich noch das Leuchten der am Ende der Drähte in 198 cm Abstand aufgelegten Röhre anschließt. Die ganzen Drähte sind also offenbar in sechs Abschnitte geteilt, in welchen sich die Erregung stets in gleicher Weise wiederholt; dazwischen sind Stellen, wo keine elektrischen Ladungen auftreten.

Wir können nun weiter beobachten, daß wir an den Stellen, die mitten zwischen den eben beobachteten Maxima liegen, also in Abständen von 36, 72, 108, 144 und 180 cm von der Brücke, noch neue Brücken auflegen können, ohne daß das Aufleuchten der Vakuumröhren dadurch gestört wird. Wir erhalten so eine Reihe einander gleicher rechteckiger Drahtabschnitte, die offenbar alle aufeinander abgestimmt sind und eben deswegen alle gleichzeitig zum Ansprechen kommen. In der Fig. 47 sind nur drei solche Brücken gezeichnet.

Auch die Brücke mit eingefügten Thermoelement, die wir in der vorigen Vorlesung benutzten, kann uns zur Untersuchung der Elektrizitätsbewegung in unseren Drähten dienen. Lege ich diese Brücke an die Stelle von einer der anderen Brücken, so zeigt der Lichtzeiger des Galvanometers einen lebhaften Strom an;

schiebe ich die Brücke nur wenig nach einer Seite
hin fort, so geht der Ausschlag des Galvanometers
zurück. Wir hätten auch anstatt mit der Leuchtröhre an den Drähten entlang zu gehen und so die
Stellen des maximalen Leuchtens zu finden und daraus
auf die ganze Elektrizitätsverteilung zu schließen, zuerst mit dieser Brücke mit Thermoelement die Drähte
entlang gehen können und hätten denn Maxima des
Galvanometerausschlages gefunden überall dort, wo
ich jetzt eine Brücke hingelegt habe.

Vergleichen wir diese Ergebnisse mit dem in der
vorigen Vorlesung Beobachteten, so werden wir jetzt
offenbar jeden Abschnitt von einer Brücke an bis
zur Stelle des maximalen Leuchtens, also der Mitte
zwischen zwei Brücken, als einen Schwingungskreis
für sich ansehen können. Die Drahtstrecken, an
welchen das Leuchten beobachtet wird, entsprechen
den Kondensatorplatten, und die Verbindung zwischen
zwei solchen gegenüberliegenden Strecken über eine
Brücke hinüber ist die zum Schwingungskreis gehörige
Drahtschleife. Wir können so im ganzen von der
ersten Brücke an elf einzelne Schwingungskreise
zählen, die abwechselnd in einer Brücke oder mit den
als Kondensator dienenden Drahtstrecken zusammenhängen. Um wie viel kleiner und dementsprechend
um wie viel schneller diese elektrischen Schwingungen
sind, als diejenigen, welche ich in der letzten Vorlesung an den gleichen Drähten, aber mit angefügten

Kondensatorplatten erzeugte, erkennen Sie, wenn ich Ihnen mitteile, daß ich an Stelle der Kondensatorplatten gerade Drähte von etwa 8 m Länge hätte als Verlängerung an diese Drähte ansetzen müssen, um eine ähnliche Anordnung zu erhalten, wie hier der letzte Abschnitt hinter der letzten Brücke darstellt, der doch nur 18 cm Länge hat. Unsere Schwingungen verlaufen also jetzt im Verhältnis von 800 : 18 schneller als die in der vorigen Vorlesung benutzten.

Nachdem es uns auf diese Weise gelungen ist, Schwingungen von hinreichend kurzer Schwingungsdauer zu erhalten, ist es jetzt ein leichtes, aus den vorhandenen Schwingungskreisen einen offenen Schwingungskreis abzuleiten. Betrachten wir den letzten Abschnitt unseres Drahtsystems, so besteht derselbe aus der letzten Brücke und zwei parallel geführten 18 cm langen, frei endenden Drähten. Die Endabschnitte dieser Drähte entsprechen dem Kondensator, aber da dieselben bereits 5 cm Abstand voneinander haben, macht es nur noch unwesentliches aus, wenn wir sie noch weiter auseinanderbiegen. Wir können auch beide Drahtenden ganz herumbiegen, so daß sie nach beiden Seiten die gerade Verlängerung der letzten Brücke bilden, ohne daß dadurch die Abstimmung und deswegen das Mitschwingen dieses letzten Abschnittes merklich gestört wird, aber dann ist dieser Abschnitt offenbar ein offener Schwingungskreis, in welchem die Elektrizität vom einen Ende zum andern

abwechselnd hin und herströmt, an den Enden Ladungen
hervorruft, die sich durch elektrische Ströme, deren
Maximum in der Drahtmitte liegt, abwechselnd ausgleichen. Kommt es uns nun nur darauf an, die
Wirkungen solcher geraden Schwingungen zu verfolgen,
so brauchen wir das lange Drahtsystem gar nicht
weiter, sondern gelangen zu folgender ganz einfachen
Anordnung.

An dem unteren Messingring des Blondlotschen
Erregers sind an Stelle der langen Drähte zwei kurze
gerade Messingstäbe angesetzt; über diese lassen sich
zwei Messingröhren schieben, die selbst durch ein
kurzes Messingrohr als Brücke an ihren Enden verbunden sind (siehe Fig. 49). Diese Messingröhren
kann ich auf den Stäben verschieben und dadurch die Brücke in den Abstand vom Erreger
bringen, in welchem in der geschlossenen Drahtleitung die lebhaftesten Schwingungen auftreten; erkannt wird dies an dem Aufleuchten einer quer
über die Stäbe gelegten Vakuumröhre. In dieser
Stellung schiebe ich jetzt durch das Brückenröhrchen
einen Messingstab und kann auf dessen Enden beiderseits wieder Messingröhren als Verlängerung aufschieben; nun stelle ich diese Messingröhrchen wieder
auf solche Länge ein, daß sie beim Erregen des
Oszillators möglichst starke Ladungen zeigen, was
wiederum mit der Vakuumröhre beobachtet werden
kann, aber auch schon an dem Überspringen kleiner

Büschelentladungen auf einen bis auf mehrere Millimeter dem Ende der Röhre genäherten Finger gesehen
werden kann. Es zeigt sich wieder, daß wir bei einem
Einstellen der geraden Schwingungsstrecke auf eine
Länge von $2 \times 18 + 5 = 41$ cm ein gutes Ansprechen

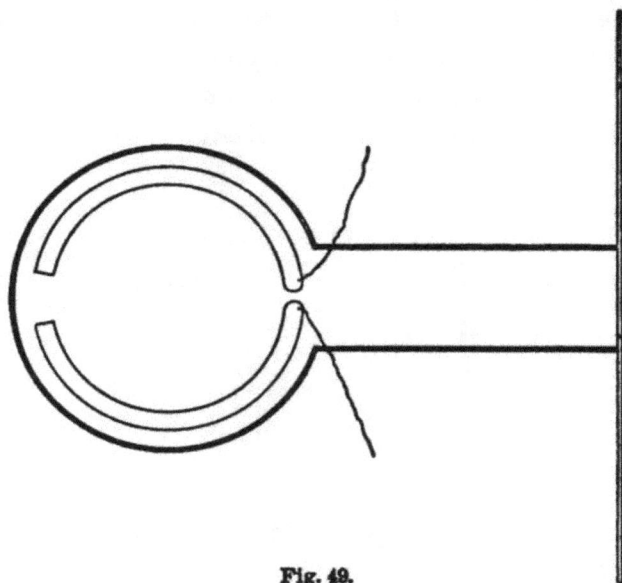

Fig. 49.

erhalten. Wir haben damit einen bequem zu hand-
habenden offenen Schwingungskreis von mäßiger Ausdehnung erhalten und können nun dazu übergehen,
die von ihm ausgehenden Fernwirkungen zu verfolgen.

Als Empfänger zum Beobachten der Fernwirkungen
brauchen wir einen abgestimmten Schwingungskreis,
den wir am einfachsten dem Sender in allen Dimen-

sionen genau gleich konstruieren. Wir nehmen dazu
einen Messingstab gleicher Dicke, den wir wieder
durch Aufschieben von Röhrchen auf verschiedene
Länge bringen können. Um das Auftreten von
Schwingungen in diesem Stabe zu beobachten, ist
derselbe in der Mitte unterbrochen, und die Teile
sind wieder durch ein Thermoelement verbunden,
genau in der Art, wie wir es schon kennen, und wir
werden daher wieder am Lichtzeiger des Galvano-

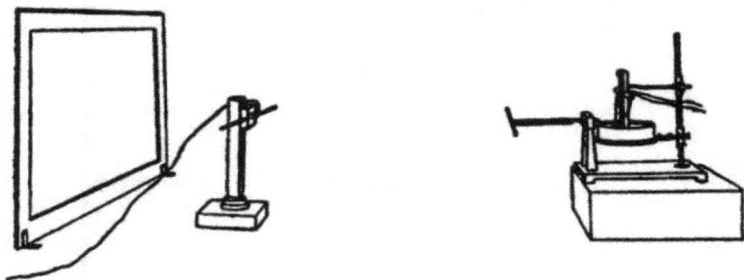

Fig. 50.

meters die im Empfänger auftretenden Schwingungen
zu beobachten haben.

Mit diesen Apparaten führe ich Ihnen zunächst
folgende Versuche vor. Sender und Empfänger werden
in einem Abstand von 75 cm gegenübergestellt (Fig. 50).
Ich schiebe die Röhrchen des Empfängers zunächst
auf die geringste Länge zusammen, so daß derselbe
eine Gesamtlänge von 30 cm hat. Errege ich jetzt
den Sender, so gibt der Lichtzeiger einen Ausschlag
von etwa 5—7 cm. Stelle ich die Länge des Em-

pfängers auf 40 cm ein, so wird der Ausschlag fast 20 cm groß, und ziehe ich den Empfänger auf 50 cm auseinander, so wird der Ausschlag wieder nur 7 cm. Offenbar befindet sich also der Empfänger bei einer Länge von 40 cm in Abstimmung mit dem Sender. Ganz ähnliche Verhältnisse bekommen wir, wenn ich die Länge des Senders verändere; einen Ausschlag von 20 cm erhalte ich nur, wenn Sender und Empfänger beide etwa 40 cm Länge haben. Ziehe ich gar den Sender ganz aus der Brücke heraus, so daß ich nur die Fernwirkung des geschlossenen Schwingungskreises erhalte, so wird der Ausschlag des Lichtzeigers ganz klein, etwa 1 cm. Wir haben es in dem beobachteten Ausschlag von 20 cm also zweifellos mit der Wirkung der beiden offenen Schwingungskreise aufeinander zu tun, und die Wirkung muß sich durch den freien Luftraum zwischen beiden übertragen. Vom Sender gehen also Kräfte aus, die die Elektrizität im Empfänger in Bewegung zu setzen vermögen. Ob diese Kräfte elektrischer oder magnetischer Natur sind oder von beiden Arten zugleich, darüber sagt unser Versuch nichts, sondern wir beobachten bisher, wo Sender und Empfänger horizontal liegen, nur, daß durch diese Kräfte die Elektrizität in einem horizontalen, dem Sender parallelen Draht in Bewegung gerät.

Jetzt richte ich den Empfänger auf, so daß er senkrecht steht, und errege den Sender; der entstehende Ausschlag ist nur klein. Drehe ich den

12*

Empfänger um eine horizontale Achse in die vorige
Lage zurück, so wächst der Ausschlag stetig, bis er
in der horizontalen Lage das Maximum erreicht, um
beim Weiterdrehen wieder kleiner zu werden. Wir
müssen diesen Versuch dahin deuten, und würden
diese Auslegung bei genauer Notierung der zahlenmäßigen Ausschläge auch bestätigt finden, daß die
vom Sender ausgehenden Kräfte der Elektrizität im
Empfänger nur in horizontaler Richtung einen Be-
wegungsantrieb erteilen. Steht der Empfänger zur
Horizontalen geneigt, so kommt von der bewegenden
Kraft nur der Anteil zur Wirkung, den wir nach der
bekannten Konstruktion des Parallelogramms der Kräfte
durch Projektion der horizontalen Kraft auf die Richtung des Empfängers als Komponenten erhalten.

Wir können uns noch in anderer Weise davon
überzeugen, daß von dem Sender ausgehende Kräfte
in Leitern horizontal gerichtete elektrische Bewegungs-
antriebe bewirken, die sich vollständig nach dem
Kräfteparallelogramm behandeln lassen. Ich bringe
dazu diesen Holzrahmen von $3/4$ m im Quadrat, der
parallel zu einer Seite mit Drähten bezogen ist, zwischen
Sender und Empfänger, und zwar zunächst so, daß
die Drähte horizontal liegen. Eine Wirkung vom
Sender auf den Empfänger findet jetzt fast gar nicht
statt; durch die zwischengeschalteten horizontalen
Drähte werden die vom Sender sich ausbreitenden
Kräfte vollständig abgefangen. Drehe ich aber den

Drahtrahmen, so daß die Drähte immer mehr auf-
gerichtet werden, so dringt eine immer größer werdende
Wirkung durch das Gitter bis zum Empfänger hindurch, und in der Vertikalstellung der Drähte erscheint die Übertragung bis zum Empfänger völlig
ungeschwächt. Wir verstehen dies, wenn wir stets
die wirksamen Kräfte in zwei Komponenten zerlegt
denken, deren eine mit den Drähten des Gitters
parallel, deren andere senkrecht dazu ist; erstere wird
von den Drähten abgefangen, während letztere ungeschwächt hindurchgeht. Noch auffallender wird der
Versuch, wenn wir den Empfänger senkrecht zum
Sender stellen; er spricht dann zunächst gar nicht
an. Bringen wir das Drahtgitter dazwischen, so ist
natürlich weder bei horizontaler noch bei vertikaler
Lage der Drähte ein Ansprechen des Empfängers zu
erwarten. Geben wir den Drähten jedoch eine Neigung
von etwa 45 Grad, so tritt ein deutliches Ansprechen
des Empfängers ein. Auch dieses wird verständlich,
wenn wir die Kräfte am Drahtgitter in Komponenten
zerlegen und die durchgelassene Komponente noch
einmal am Empfänger zerlegen.

Wir können diese Erscheinungen nicht wahrnehmen,
ohne an die Ähnlichkeit erinnert zu werden, die dieselben in bezug auf die Größe der Wirkungen mit
dem Aufhellen und Verdunkeln bei den Erscheinungen
des polarisierten Lichtes besitzen. Vergleichen wir
das Drahtgitter mit einem Nikolschen Prisma, durch

welches in der Ebene des Senders polarisiertes Licht
hindurchtritt, so würde die Intensität des den Nikol
verlassenden Lichtes den jetzt beobachteten Wirkungen
am Empfänger entsprechen. Aber diese Ähnlichkeit
allein berechtigt uns natürlich noch nicht, nun auch
die vom Sender ausgehenden Wirkungen ohne weiteres
so anzusehen, als pflanzten sich die Kräfte in Gestalt
transversaler Wellen fort. Bevor wir einen solchen
Schluß ziehen dürfen, müssen wir vor allem noch nah-
weisen, daß sich die Kräfte im Raume zeitlich fortpflanzen, und daß dann bei diesem zeitlichen Fortschreiten der Kräfte im Raum periodisch entgegengesetzt gerichtete Kräfte hintereinander hergehen.
Aber auch hierfür, daß wirklich eine solche schritt-
weise Ausbreitung der Kräfte erfolgen muß, läßt sich
durch zweckmäßige Versuche der Beweis erbringen.

Untersuchen wir einmal, was wird aus den Kräften,
die durch das Drahtgitter abgefangen sind? Ich
stelle wieder Sender und Empfänger in der günstigsten
Stellung in 75 cm Abstand einander gegenüber; jetzt
halte ich aber das Drahtgitter in etwa 20 cm Abstand
hinter den Empfänger mit horizontalen Drähten.
Der Ausschlag des Lichtzeigers geht beträchtlich bis
fast auf das Doppelte hinauf; sind die Drähte des
Gitters vertikal gestellt, so tritt diese Verstärkung
des Ausschlages nicht ein. Wir wissen, daß die vom
Sender kommenden und über den Empfänger hinaus-
gehenden Wirkungen in der ersten Lage durch das

Gitter nicht hindurchgelassen werden, da aber der
Empfänger gesteigerte Wirkung zeigt, so muß am
Gitter eine Zurückwerfung der Kräfte eingetreten
sein. Es besteht also die Möglichkeit, die Fernwirkung
des Senders zu reflektieren, und wir könnten nun
schon mit diesem einfachen Drahtgitter allein die für
das Folgende entscheidenden Versuche zum Nachweis
der zeitlichen Ausbreitung der elektrischen Kräfte
des Senders ausführen, aber wir bekommen die Resultate weit schöner und deutlicher und besonders auf
größere Entfernungen, wenn wir unsere Hilfsmittel
noch etwas vermehren.

Anstatt die Fernwirkung des Senders von einem
Drahtgitter zurückwerfen zu lassen, können wir auch
eine gleich große Blechwand verwenden, und, bedenken
wir jetzt noch, daß von dem Sender die Wirkungen
nach allen Seiten hin ausgesandt werden, so liegt es
nahe, zu versuchen, auch die nach rückwärts hin
gehenden Wirkungen noch zur Beobachtung zu ver-
werten, indem man sie an einer Blechwand reflektieren
läßt und dadurch mit den nach vorn hin gehenden
Wirkungen zu gemeinsamer Wirkung bringt. Ich
habe dazu in der Mitte einer Blechwand ein Loch
angebracht und kann nun die beiden geraden Drähte,
die vom Blondlotschen Erreger ausgehen, nach Ab-
ziehen der sie verbindenden Brücke durch diese Öffnung hindurchstecken und dann die Brücke mit dem
geraden Sender wieder aufstecken. Auf diese Weise

erhalte ich im Rücken des Senders eine reflektierende Wand; die Wirkung derselben werden sie sofort sehen, wenn ich den Sender wieder errege. Der Empfänger steht noch immer an der gleichen Stelle wie vordem, in 75 cm Abstand vom Sender, aber der Ausschlag des Lichtzeigers wird jetzt 50—60 cm, wir haben also etwa das Dreifache der vorherigen Wirkung. Offenbar kann ich jetzt mich noch sehr viel weiter mit dem Empfänger entfernen und immer noch sehr deutliche Fernwirkungen wahrnehmen.

Jetzt werde ich die vom Sender ausgehenden Wirkungen von einer zweiten Blechwand zurückwerfen lassen und stelle dazu der ersten Wand eine zweite in etwa drei Meter Abstand gegenüber. Beobachte ich jetzt die Wirkung, die der Empfänger an den verschiedenen Stellen zwischen den beiden Blechwänden aufnimmt, so finde ich folgende auffallende Erscheinung. Dicht an der zweiten Blechwand ist die Wirkung sehr gering, rücke ich den Empfänger von dieser Blechwand fort nach dem Sender zu, so wird der Ausschlag des Galvanometers größer. Er erreicht ein Maximum von etwa 20 cm Ausschlag, wenn der Empfänger 20 cm vor der Wand steht. Rücke ich denselben noch weiter vor, so nimmt der Ausschlag wieder ab, bis er bei 40 cm Abstand auf etwa 5 cm heruntergegangen ist, von da ab nimmt er wieder zu und erreicht ein Maximum bei 60 cm, ein neues, wenn auch weniger deutliches Minimum bei 80 cm, ein Maximum bei 100 cm und noch ein allerdings ziemlich undeutliches, aber immer doch noch mit Sicherheit erkennbares Minimum bei 120 cm Abstand des Empfängers von der Wand. Beim noch weiteren Vorrücken mit dem Empfänger scheint die allzu große Nähe des Senders den Einfluß der Reflexion von der Wand her zu sehr zu überwiegen, wenigstens kann nur noch ein rasches Ansteigen der Ausschläge wahrgenommen werden.

Wir können uns auch leicht davon überzeugen, daß dies auffallende Hervortreten von Gebieten mit maximaler und solchen mit minimaler Einwirkung auf den Empfänger zweifellos von der Reflektion an der zweiten Metallwand herrührt, denn stellen wir den Empfänger an eine Stelle maximaler Wirkung und entfernen die Metallwand, so geht der Ausschlag zurück; in einer Stelle minimaler Wirkung bewirkt das Entfernen der Metallwand dagegen ein Größerwerden des Ausschlages, so daß wir also durch solche Versuche unmittelbar den Einfluß der Metallwand wahrnehmen können.

Nachdem wir so die Erscheinungen kennen gelernt haben, kommt es darauf an, sie nunmehr auch zu deuten. Es wird uns das Auftreten der Maxima und Minima ohne Frage an die Interferenzerscheinungen beim Licht, insbesondere an die Fresnelschen hellen und dunkeln Streifen erinnern. Bei der Deutung dieser Streifensysteme gingen wir von der für das Licht

allerdings durch die Erfahrung erwiesenen Tatsache
aus, daß das Licht ein mit bestimmter Geschwindigkeit
sich ausbreitender Vorgang ist, und schlossen aus
dem Auftreten der hellen und dunklen Streifen, daß
im Lichtstrahl sich periodisch entgegengesetzte Zustände folgen müssen, und gelangten so zur Definition
der Wellenlänge des Lichtes. Gehen wir daher auch
jetzt zur Deutung der vorliegenden Erscheinung zunächst von der Annahme aus, daß die vom Sender
ausgehende Wirkung ebenfalls ein mit der Zeit sich
ausbreitender Vorgang ist, der also erst den Empfänger
erreichen wird, teilweise aber über ihn hinaus fortschreitet und bis zur Metallwand vordringt und dann
von hier aus zurückkehrt. Wir sehen dann, daß
der Empfänger zweimal von dem vom Sender ausgehenden Impuls erreicht wird, einmal direkt und
dann auf dem Umwege über die Metallwand, und
wir können ausmessen, welches die Unterschiede der
von diesen beiden Wirkungen zurückgelegten Wege
sind. Wir erhielten Maxima der Ausschläge an den
20, 60 und 100 cm von der Wand entfernten Punkten
und Minima in 40, 80, 120 cm Abstand. Das Doppelte
dieser Abstände entspricht aber stets den gesuchten
Wegdifferenzen für die betreffende Stelle, also haben
wir Maxima der Wirkung für die Wegdifferenz von
40, 120, 200 cm und Minima für 80, 160, 240 cm.
Es fällt sofort in die Augen, daß der Abstand
aufeinanderfolgender Maxima oder Minima stets einem

Unterschied in der Wegdifferenz von 80 cm entspricht; nach der Analogie mit den optischen Interferenzen würden wir also geneigt sein, diese 80 cm als die Wellenlänge der hier sich ausbreitenden elektrischen Wellenerscheinung anzusprechen. Aber auf eine Schwierigkeit treffen wir hierbei noch; das erste Maximum liegt bei einer Wegdifferenz von nur 40 cm, und bei 80 cm Wegdifferenz liegt bereits das erste Minimum. Gehen wir also nur von den Wegdifferenzen aus, so finden wir, daß dort, wo wir eigentlich nach Analogie mit dem Fresnelschen Versuch die Maxima erwarten müßten, die Minima liegen und umgekehrt. Es muß also noch ein neuer Faktor hineinspielen, der den reflektierten Wellenzug gegen den direkten um eine halbe Wellenlänge verschoben haben muß.

Ein solcher Faktor ist aber bei Wellenvorgängen irgend welcher Art durchaus nichts Fremdartiges. Ich habe hier z. B. ein Seil, das am einen Ende festgebunden ist, das andere Ende halte ich in der Hand und kann nun durch eine kurze Bewegung der Hand eine Welle an dem Seil entlang schicken. Sie sehen, wie die Welle nach dem Seilende hinläuft und augenscheinlich dort reflektiert wird und wieder zurückkehrt. Sende ich nun durch rhythmische Bewegung der Hand regelmäßige Wellen am Seile entlang, so werden diese mit den am Seilende reflektierten wieder zusammentreffen, und es entsteht die bekannte Erscheinung der stehenden

Seilwellen. Die Verteilung der Stellen maximaler Schwingung der Seilteile und der Minima oder der Knotenpunkte ist aber, wie Sie sofort übersehen, hier am Seile genau die gleiche, wie wir sie auch im elektrischen Felde wahrgenommen haben, und es findet daher auch die Reflexion der sichtbaren Seilwellen am festen Seilende so statt, daß der rückkehrende Wellenzug stets mit entgegengesetzter Phase die Wand verläßt, als der ankommende im Moment des Erreichens der Wand besitzt. Wir müssen daher, um die Lage der Knotenpunkte aus den einfachen Wegdifferenzen zu berechnen, dem rückkehrenden Wellenzug eine um eine halbe Weglänge größere Wegstrecke anrechnen, als die geometrische Ausmessung ergibt. Dies ist eine Erscheinung die nicht nur bei den Seilwellen beobachtet wird, sondern die ganz allgemein an die Natur von Wellenvorgängen geknüpft zu sein scheint; sie wird in gleicher Weise bei Reflexion von Wasser- und Luftwellen an festen Wänden beobachtet, und sie läßt sich sogar an Lichtwellen unter bestimmten Verhältnissen nachweisen. Daß wir auch jetzt bei der Reflexion der elektrischen Erscheinung dieselbe Eigentümlichkeit anerkennen müssen, ist daher nur noch ein Grund mehr, daß wir auch die Ausbreitung der vom Sender ausgehenden Wirkung als einen Wellenvorgang ansehen können.

Es ist also die gleiche Schlußweise, die uns zur Erkenntnis der Wellennatur des Lichtes führte, die uns jetzt auf die Ausbreitung elektrischer Wellen von einem Hertzschen Oszillator führt, nur auf einen kleinen Unterschied in der Schlußweise sei noch aufmerksam gemacht. Beim Lichte kannten wir die Tatsache der bestimmten Fortpflanzungsgeschwindigkeit und schlossen aus den Interferenzen auf die periodische Natur des Lichtstrahls, hier wissen wir von einer bestimmten Fortpflanzungsgeschwindigkeit der elektrischen Wirkungen von vornherein nichts, wohl aber kennen wir die periodische Natur des am Sender sich abspielenden Vorganges, daher sind wir jetzt umgekehrt zu dem Schlusse gezwungen, daß die elektrischen Wirkungen sich notwendig mit endlicher Fortpflanzungsgeschwindigkeit ausbreiten müssen.

Fassen wir noch die letzten Versuche mit den vorhergehenden Versuchen über die Durchlässigkeit des Drahtgitters zusammen, so können wir offenbar die vom Sender ausgehenden Wellen als Transversalwellen von geometrisch ganz analogen Formen ansehen, wie wir sie beim Lichte kennen gelernt haben, und wir haben damit eine Erscheinung gefunden, die mit dem Licht bis auf die Größenordnung eine auffallende Ähnlichkeit hat. Es entsteht daher nunmehr die Frage, ob die elektrischen Wellen vielleicht auch ihrer ganzen Natur mit den Lichtwellen wesensverwandt sein können.

Zehnte Vorlesung.

Brechung von Strahlen elektrischer Wellen. — Elektrischer Brechungsindex. — Wellen an Drähten. — Bestimmung der Fortpflanzungsgeschwindigkeit elektrischer Wellen. — Die Geschwindigkeit des
Lichtes. — Größenordnung der Lichtwellen und elektrischen Wellen.

Am Anfange der siebenten Vorlesung habe ich
Ihnen die Erscheinungen, die wir am Lichte kennen
gelernt haben, dem Aussehen gegenübergestellt, welches
Transversalwellen in einem elastisch, festen Körper
annehmen werden, und es zeigt sich nach den Rechnungen Fresnels, daß zwischen beiden völlige äußere
Gleichheit bestehen muß. Trotzdem haben wir es ablehnen
müssen, die Lichtwellen als solche elastische Wellen anzusehen, da wir dann genötigt werden, an die Anwesenheit
eines Lichtäthers zu glauben, der die Starrheit des
Stahls besitzt und alle Körper und den ganzen Weltenraum erfüllt. Jetzt haben wir in den elektrischen
Wellen eine andere Gruppe von Erscheinungen kennen
gelernt, die wieder denselben Gesetzmäßigkeiten der
Ausbreitung folgt, und diese Erscheinungen haben
noch dazu den Vorzug vor den elastischen Wellen,
daß sie auf das genaueste durch Versuche beobachtet
werden können, während die elastischen Wellen nur
nach den Prinzipien der Mechanik errechnet, gewisser-

maßen mathematisch konstruiert, aber nicht direkt zu beobachten sind. Und gerade weil wir es in den elektrischen Wellen mit Erfahrungstatsachen, deren inneren Zusammenhang nach mechanischen Prinzipien wir zwar nicht kennen, die aber umso wirklicher vor uns sichtbar sind, zu tun haben, wächst jetzt unser Interesse an der Frage, ob denn nun wohl diese Wellen mit den Lichtwellen wesensgleicher Art sein können. Wenn das sich bestätigen sollte, dann werden wir erwarten dürfen, über die wahre Natur des Lichtes Aufschlüsse zu erhalten, sobald wir das Wesen der Elektrizität genauer zu beurteilen imstande sind.

Treten wir jetzt dem Vergleich zwischen Licht- und elektrischen Wellen näher, so werden wir zunächst die Frage zu lösen versuchen, ob denn beide Wellenarten mit gleicher Geschwindigkeit den Raum durcheilen. Vom Lichte wissen wir, daß diese Fortpflanzungsgeschwindigkeit jedenfalls ganz außerordentlich groß ist, und daher steht uns in der Lösung dieser Frage eine sehr schwierige Aufgabe bevor, denn wir werden erwarten dürfen, daß wir es bei der Fortpflanzungsgeschwindigkeit der elektrischen Wellen ebenfalls mit einer sehr großen Geschwindigkeit zu tun haben.

Erinnern wir uns zunächst einmal der Erscheinungen, welche wir in den ersten Vorlesungen bei der Besprechung des Prinzips des kürzesten Lichtweges kennen gelernt haben, so trat uns dort entgegen, daß sich das Licht in verschiedenen durchsichtigen

Medien jedenfalls mit ungleicher Geschwindigkeit fortpflanzt. Es war dies erkennbar an der Ablenkung,
welche Lichtstrahlen beim Übertritt von einem Medium
in ein anderes erfahren. Bevor wir daher die absolute
Fortpflanzungsgeschwindigkeit der elektrischen Wellen
zu bestimmen versuchen, liegt es nahe, daß wir uns
zunächst orientieren, ob diese Geschwindigkeit in den
verschiedenen Medien in ähnlicher Weise wie beim
Licht variiert. Es müßte dies sich daran zeigen, daß auch
die elektrischen Wellen beim Übertritt in ein anderes
Medium von dem geraden Wege des Fortschreitens
abgelenkt werden. Wir verdanken den bahnbrechenden
Arbeiten von Heinrich Hertz die Beantwortung dieser
Frage, und wir wollen nach seinem Vorbilde uns von
der Ablenkung der Strahlen elektrischer Kraft durch
ein Prisma überzeugen.

Der Sender elektrischer Wellen, mit dessen Hülfe
wir in der letzten Vorlesung die Interferenzen nachweisen konnten, ist für die jetzt anzustellenden Versuche noch unbequem groß, ich bin daher jetzt zu
einem ganz einfachen Hertzschen Sender überge-
gangen, der aus zwei 4 cm langen, 1 cm dicken Mes-
singzylindern besteht, die ganz unter Petroleum gesetzt sind. Als Empfänger dient eine analoge Anordnung zweier Messingkörper, die wieder durch ein
Thermoelement verbunden sind, so daß der Lichtzeiger
des Galvanometers die Grade des Ansprechens des
Empfängers zu beobachten gestattet.

Zur Verstärkung der Wirkung steht hinter dem Sender wieder eine Metallwand (Fig. 51), diese ist aber jetzt nicht eben, sondern umfaßt in einer parabolischen Fläche den Sender, der selbst im Brennpunkte der Parabel steht. Es werden dadurch alle Wellenzüge, die noch die Wand treffen, in parallele Richtung nach vorn hin gelenkt; als Brennweite der Parabel ist 6 cm gewählt, was etwa einer Viertel-

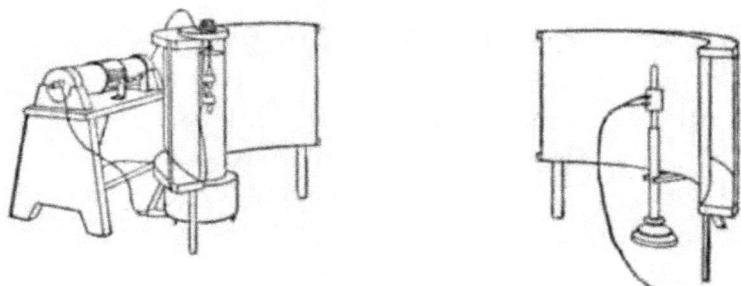

Fig. 51.

wellenlänge des Senders entspricht, dadurch steht die Metallwand zugleich in solchem Abstand hinter dem Sender, daß sie nach den Versuchen der vorigen Vorlesung die Fernwirkung verstärkt. Sie sehen hieraus auch zugleich, weshalb ich diesmal nicht den Sender der vorigen Vorlesung benutze; derselbe gab eine Viertelwellenlänge von 20 cm, und ebenso groß hätte ich auch die Brennweite der Parabelfläche zu wählen gehabt, um die beste Verstärkung der Fernwirkung durch Reflexion zu erhalten; die Dimensionen der

Apparate* wären dann aber unhandlich groß geworden.

Ich umgebe auch den Empfänger mit einem gleichen Parabelspiegel und kann dadurch die ganzen aus dem ersten Spiegel austretenden Wellen auf den Empfänger konzentrieren und dadurch trotz der Kleinheit des Senders, wenn beide Teile in 3 Meter Abstand einander gegenüber gestellt werden, noch einen Galvanometerausschlag von 20 bis 30 cm erzielen. Wie sehr die Wirkung der beiden Hohlspiegel zu der Größe dieses Ausschlages beiträgt, sehen wir sofort, wenn ich den Empfängerspiegel ein wenig drehe, so daß beide Spiegel nicht mehr zentriert einander gegenüberstehen, der Ausschlag geht dann sofort zurück. Wir haben hier ganz augenscheinlich ein Strahlenbündel elektrischer Wellen, nach Art der Strahlen eines Scheinwerfers.

Ich füge noch, um fremde Störungen auszuschließen, eine Metallwand (in der Figur fortgelassen) quer in den Strahlengang ein. Dieselbe hat ein Fenster nahezu von der Größe der Spiegelöffnungen, so daß der volle Strahl hindurch geht, aber alle in schräger Richtung vom Sender nach vorn gehenden Wellen, die das Strahlenbündel überschreiten, abgeblendet werden.

Wir können jetzt vor dies Fenster in der Metallwand verschiedene Substanzen bringen und diese auf ihre Durchlässigkeit gegen die elektrischen Wellen prüfen. Eine Paraffinplatte in den Strahlengang eingeschaltet, schwächt zum Beispiel die Wirkung auf den Empfänger in kaum merklicher Weise. Aber wir können jetzt auch die Frage entscheiden, ob der elektrische Strahl beim Übertritt in ein anderes Medium abgelenkt werden kann. Ich stelle dazu ein Paraffinprisma vor das Fenster, und Sie sehen, daß der Empfänger aufhört, eine Wirkung anzuzeigen. Daß die elektrischen Wellen durch das Paraffin hindurchgehen, haben wir eben erst gesehen, jetzt sehen wir, daß sie durch das Prisma jedenfalls nicht in gerader Richtung hindurchtreten. Um zu sehen, wohin die Wellen jetzt gelangen, führe ich den Empfänger mit dem Hohlspiegel herum und suche den elektrischen Strahl damit auf. Ich finde denselben wieder, und zwar in fast unveränderter Stärke, in einer Richtung, die mit der ursprünglichen einen leicht meßbaren Winkel bildet, und die, wie Sie leicht übersehen, ganz der Art der Ablenkung entspricht, wie wir sie bei Lichtstrahlen kennen. Wir können also tatsächlich auch für elektrische Wellen von einem Brechungsindex des Paraffins sprechen und würden denselben aus unserem Versuch zu etwa 1,5 bestimmen. Da nun der Brechungsindex, wie wir von früher her wissen, das Verhältnis der Fortpflanzungsgeschwindigkeit in Luft zu derjenigen im Paraffin ist, so werden wir schließen, daß die elektrischen Wellen sich in Luft um das 1,5fache schneller fortbewegen wie in Paraffin, das ist aber, soweit die Genauigkeit unserer Messung reicht, dasselbe Ver-

13*

hältnis, das auch für die Lichtwellen gilt, also ergibt
wenigstens dieser Versuch eine Übereinstimmung des
Verhältnisses der Geschwindigkeit des Lichtes und
der elektrischen Wellen. Ein solcher einzelner Versuch reicht aber natürlich nicht aus, um einen Schluß
von der Tragweite, daß er uns die Überzeugung von
der Identität der Licht- und elektrischen Wellen
bringen soll, genügend zu stützen, und wenn nun auch
solche Versuche über die Ablenkung der Wellen durch
Prismen zuerst von Hertz und dann verschiedentlich
von anderen gemacht sind, so werden wir doch nicht
übersehen dürfen, daß die Genauigkeit solcher Versuche mit den großen Hohlspiegeln keine sehr große
sein kann, und im Vergleich zu derjenigen, die bei
Lichtwellen erreicht wird, sehr zurücksteht. Außerdem lassen sich viele Substanzen sehr schlecht in derartige große Prismen bringen, so daß die Untersuchung des Brechungsindex für elektrische Wellen
nur auf recht unsichere Basis gestellt wäre, wenn wir
für dieselbe allein auf diese Prismenmethode ange-
wiesen wären.

Es läßt sich nun aber auf eine viel einfachere
Weise dieser Brechungsindex bestimmen, die darauf
beruht, daß das Verhältnis der Längen der elektrischen Wellen in verschiedenen Substanzen bestimmt
wird. Dies Verhältnis der elektrischen Wellen entspricht, wie eine einfache Überlegung uns sagt, direkt
dem Verhältnis der Fortpflanzungsgeschwindigkeiten

und damit dem Brechungsindex. Es wird Ihnen vielleicht in der vorigen Vorlesung schon aufgefallen
sein, daß die halbe Wellenlänge von 40 cm, die wir
bei den Interferenzen im freien Luftraum beobachteten, gerade übereinstimmt mit der Länge der Abschnitte, die wir vordem auf den ausgespannten geraden Drähten durch Brücken abgrenzen konnten.
Wenn wir bedenken, daß die Größe dieser Abschnitte
darauf beruht, daß sie der Länge entspricht, welche
die Elektrizität innerhalb der Periode der Schwingungen zu durcheilen vermag, so kommen wir durch
diese Übereinstimmung zu dem auffallenden Ergebnis,
daß die Elektrizität in oder an den Drähten gerade
so schnell hin und her fließen muß, wie die Wellen
im freien Luftraum sich ausbreiten. Dies Ergebnis
ist richtig und bestätigt sich durch mannigfache Prü-
fungen. Ersetzen wir die Kupferdrähte der vorigen
Vorlesung durch anderes Material, etwa Messing, Eisen
oder irgend einen besonderen Widerstandsdraht, wir
werden immer genau die gleichen Längen für die auf
dem Drahtsystem abzugrenzenden Abschnitte finden;
das Material des Drahtes kann also keinen Einfluß
auf die Geschwindigkeit haben. Das Strömen der
Elektrizität findet gar nicht im Draht sondern außen
am Draht statt. Das erkennen wir auch sofort, wenn
wir einmal einen Abschnitt der Drähte in eine Flüssigkeit tauchen. Ich habe dazu den Blondlotschen Erreger noch einmal hergestellt mit angeschlossenen

Paralleldrähten und werde zunächt mit Hilfe der
Leuchtröhre durch Verschieben einer Brücke die Länge
eines Abschnittes in Luft abgrenzen. Ich finde eine
Länge von 40 cm. Jetzt füge ich an die Parallel-
drähte andere, die in einem Glastrog ausgespannt sind,
und fülle den Trog mit Petroleum; auch auf diesen
begrenze ich einen Abschnitt durch Auflegen einer
Brücke, so daß beide Abschnitte gleichzeitig ansprechen. Es zeigt sich, daß der Abschnitt in Petroleum nur 27 cm lang ist. Es ist also ganz augenscheinlich, daß es das umgebende Medium ist, welches
die Größe der Abschnitte und also auch die Geschwindigkeit der Bewegung der Elektrizität längs den Drähten bestimmt.

Für den mit den allgemeinen elektrischen Vorgängen näher Vertrauten verliert diese zunächst
auffallende Erscheinung viel des Wunderbaren, denn,
wenn auch die gewöhnlichen elektrischen Ströme
den Querschnitt einer Drahtleitung durchaus aus-
füllen und durch das Drahtmaterial wesentlich beeinflußt werden, so beobachtet man doch schon bei
Wechselströmen hoher Wechselzahl, daß sich mit der
Wechselzahl die Bahnen, in welchen die Ströme wirklich fließen, immer mehr nach der Oberfläche des
Drahtes hinziehen, und eine Rechnung auf Grund be-
kannter Beziehungen zwischen parallel fließenden Strömen läßt dies auch voraussehen. Bei den elektrischen
Schwingungen haben wir es nun aber mit ganz außer-

ordentlich schnell wechselnden Stromrichtungen zu tun,
und es ist nur eine Konsequenz aus dem schon in der
Technik Bekannten, daß bei diesen schnellen Schwingungen die Strombahnen selbst ganz auf die Außen-
seite des Drahtes hinausgedrängt sind. Wir erhalten
dadurch in der Bestimmung der Länge elektrischer
Wellen an Drähten ein sehr bequemes und genaues
Mittel, das Verhältnis der Fortflanzungsgeschwindigkeit
dieser Wellen in verschiedenen Medien und dadurch
den elektrischen Brechungsindex zu bestimmen. Auf
diese Weise sind folgende Zahlen beobachtet worden:

	Brechungsindex für	
	elektrische	Lichtwellen
Petroleum	1,45	1,44
Terpentin	1,49	1,46
Schwefelkohlenstoff	1,63	1,63
Benzol	1,49	1,47
Olivenöl	1,76	1,46
Rizinusöl	2,19	1,47
Alkohol	ca. 5,0	1,36
Wasser	„ 9,0	1,33

Das Material dieser Zahlen könnte leicht noch um
ein Bedeutendes vermehrt werden, wir werden dann
immer weiter bestätigt finden, was sich bereits in dieser
kleinen Tabelle ausspricht. In einer Reihe von Stoffen
ist die Übereinstimmung beider Brechungsindices sehr
auffallend, für andere Stoffe sind zweifellos Abweichun-

gen vorhanden, die sogar für Alkohol und Wasser
sehr groß sind. Wir werden aber doch nicht aus
diesem Mangel an Übereinstimmung für einige Körper
schließen dürfen, daß zwischen Licht- und elektrischen
Wellen nun ein prinzipieller Unterschied bestehen
muß; denn denken wir daran, daß schon die verschiedenfarbigen Strahlen des Lichtes verschieden stark
abgelenkt werden, also ungleiche Geschwindigkeit haben,
so ist es sehr wohl denkbar, daß auch für die sehr
kleinen Lichtwellen und die sehr großen elektrischen
Wellen für einige Substanzen eine sehr starke Dispersion besteht, so daß schon daraus die Ungleich-
heiten der Brechungsindices für beide Wellenarten
sich erklären lassen. Wir sind vielmehr berechtigt,
in der sehr auffallenden Übereinstimmung in den
Brechungsindizes für manche Substanzen eine wesentliche Stütze für die Möglichkeit, daß elektrische
Wellen und Lichtwellen Erscheinungen gleicher
Natur sind, zu erblicken. Diese Untersuchungen entscheiden aber immer erst über das Verhältnis der
Fortpflanzungsgeschwindigkeiten in verschiedenen Medien, viel wichtiger wird es aber sein, zu wissen, ob
denn überhaupt die absolute Geschwindigkeit der elektrischen Wellen mit der abnormen Geschwindigkeit
des Lichtes in ähnlichem Grade übereinstimmt.

An der Hand unseres letzten Versuches über die
Wellen an Drähten sind wir in der Lage, nunmehr
auch zu verstehen, wie diese Frage hat gelöst werden

können. Es sind immer drei Größen in Abhängigkeit voneinander, die Wellenlänge l, die Schwingungsdauer t, und die Fortpflanzungsgeschwindigkeit v. Da unter letzterer das Verhältnis des zurückgelegten Weges zu der hierfür erforderlichen Zeit verstanden wird, so ergibt sich, daß stets $v = \dfrac{l}{t}$ sein muß; können von diesen drei Größen zwei gemessen werden, so kann danach die dritte berechnet werden. Um daher die Größe v für elektrische Wellen zu finden, genügt es, durch den Versuch die Werte von l und t zu bestimmen. Dies ist den Physikern Trowbridge und Douane am genauesten gelungen in einer Versuchsanordnung, die im Prinzip sehr einfach zu verstehen ist, die aber experimentell durchzuführen allerdings außerordentlich viel Geschick erforderte. Es wurden in einem System von Paralleldrähten elektrische Schwingungen erzeugt, in der Art, wie wir es auch gemacht haben, und auf denselben der Abstand aufeinanderfolgender Knotenpunkte bestimmt. Zur Wahrnehmung der Schwingungen diente ein ebenfalls wie bei unserm Thermoelement auf der Wärmewirkung der Ströme beruhendes zu höchster Feinheit ausgebildetes Verfahren, und, um möglichst genaue Messungen zu erhalten, waren die ganzen Dimensionen so gewählt, daß der Abstand zweier Knotenpunkte zu nahezu 60 m bestimmt wurde. Größere Schwierigkeit machte noch die Bestimmung des Wertes von t. Um diesen zu finden, war in der Drahtleitung an einer geeigneten Stelle eine Unterbrechung, die von den Schwingungen in einem kleinen Funken übersprungen werden mußte, ohne daß dabei die Schwingungen selbst in störender Weise beeinflußt wurden. In dem kleinen Funken mußte jeder Hin- und Hergang der Elektrizität wahrzunehmen sein, so daß jeder scheinbar einfache Funken in Wahrheit aus so viel Einzelfunken bestehen mußte, wie Schwingungen zustande kamen. Entwarf man jetzt das Bild dieses Funkens mittels eines sich sehr rasch drehenden Hohlspiegels auf einer photographischen Platte, so erschienen diese Einzelfunken, weil sie zeitlich aufeinanderfolgten und daher bei verschiedenen Stellungen des Spiegels beobachtet wurden, räumlich nebeneinander. Konnte man dann noch die Drehungsgeschwindigkeit des Spiegels, den Abstand der Funkenbilder auf der Platte und den Abstand des Spiegels von der Platte genau feststellen, so ließ sich aus diesen Daten die Zeit zwischen zwei Einzelfunken und damit die Schwingungsdauer der elektrischen Wellen ermitteln. Wie groß die Schwierigkeit dieser Aufgabe gewesen ist, erkennen wir, wenn wir bedenken, daß die auf diese Weise bestimmte Zeit nur 2×10^{-7} Sekunden, das sind 2 Zehnmilliontel Sekunden, betrug. Bei einem Abstand zwischen Spiegel und Platte von 3 m und einer Drehungsgeschwindigkeit von 70 Umdrehungen in der Sekunde betrug der Abstand benachbarter Funkenbilder nur etwa $^1/_2$ mm.

Dividieren wir jetzt die beobachtete Wellenlänge von 60 m durch diese Schwingungsdauer, so erhalten wir als Fortpflanzungsgeschwindigkeit für die elektrischen Wellen $\dfrac{6000}{2 \times 10^{-7}} = 3 \times 10^{10}$ cm oder 300 000 km in der Sekunde. Damit ist es in der Tat gelungen diese enorme Fortpflanzungsgeschwindigkeit durch den direkten Versuch bis auf eine Genauigkeit, die nur um 1 oder 2 $^0/_0$ unsicher sein mag, zu bestimmen, und, was uns besonders interessiert, diese Geschwindigkeit stimmt in der Tat mit derjenigen überein, die für das Licht ermittelt worden ist.

In den bisherigen Vorlesungen haben wir allerdings immer nur von der Fortpflanzungsgeschwindigkeit des Lichtes als von einer Erfahrungstatsache gesprochen, ohne uns darüber Rechenschaft zu geben, wie es gelungen ist, diese selbst zu ermitteln, und welche Größe man dabei gefunden hat. Es ist daher an dieser Stelle, wo wir uns mit der möglichen Übereinstimmung zwischen Licht- und elektrischen Wellen beschäftigen, erforderlich, daß wir jetzt wieder zum Lichte zurückkehren und wenigstens eine Möglichkeit der Messung der Lichtgeschwindigkeit uns vergegenwärtigen. Wenn nun auch seit Olaf Römers Beobachtungen (1670—1676) verschiedene sehr sinnreiche direkte Bestimmungen der Lichtgeschwindigkeit ausgeführt sind, so haben sie doch nur vollkommen die Richtigkeit der Beobachtungen Römers bestätigt, und daher mag es uns auch genügen, nur diese eine, die zugleich die einfachste und interessanteste Bestimmungsweise ist, hier zu besprechen.

Olaf Römer beobachtete den innersten der Jupitermonde und ermittelte seine Umlaufzeit, indem er die Momente des Austritts dieses Mondes aus dem Jupiterschatten genau feststellte. Zwischen je zwei solchen Austrittsmomenten liegt offenbar gerade die Umlaufszeit dieses Mondes. Zur Beobachtung von 200 solchen Umlaufszeiten war fast genau ein Jahr erforderlich, es stand also nach diesen 200 Umlaufszeiten die Erde sehr nahe an derselben Stelle im Verhältnis zur Sonne und Jupiter, wie zu Beginn der Beobachtung. Mißt man die Zeit vom ersten Austritt bis zum 200sten Austritt und dividiert diese Zahl durch 200, so hat man die Umdrehungszeit am genauesten und unabhängig von der Stellung der Erde. So erhält man eine Umlaufszeit von 42 Stdn. 28 Min. 36 Sek. Beobachtet man jetzt die Zeit eines Mondaustrittes, wenn die Erde sich gerade zwischen Sonne und Jupiter befindet und wartet dann auf den hundertsten Mondaustritt aus dem Jupiterschatten, der nach einem halben Jahre erfolgen muß, so zeigt sich, daß derselbe sich um 16 Minuten, genauer 986 Sekunden, verspätet gegenüber der Zeit, die nach der genauen Umlaufszahl des Mondes sich berechnet. Wartet man noch ein halbes Jahr, so ergibt sich der 200. Mondaustritt mit der Rechnung wieder in Übereinstimmung. Olaf Römer

zog aus dieser auffallenden Erscheinung den bedeut-
samen Schluß, daß das Licht die Zeit von 986 Sekunden
gebraucht, um den Durchmesser der Erdbahn zu durcheilen, denn zu Beginn stand ja die Erde zwischen
Sonne und Jupiter und nach einem halben Jahre auf
der anderen Seite der Sonne. Nun haben aber die
astronomischen Messungen ergeben, daß der Abstand
zwischen Sonne und Erde gleich 23 000 Erdradien ist, und
der Erdradius gleich 6380 km, also ist der Durchmesser
der Erdbahn gleich $23 \times 6380 \times 2 = 294\,000\,000$ km.
Diese Zahl durch 986 Sekunden dividiert, ergibt als
Wert für die Lichtgeschwindigkeit 299 000 km in der
Sekunde, also in der Tat fast genau die gleiche Geschwindigkeit, die auch Trowbridge und Douane für
die Fortpflanzung der elektrischen Wellen fanden.

Eine derartige Übereinstimmung in den Messungen
aus zwei scheinbar ganz entlegenen Gebieten wird
zweifellos unser Vertrauen ganz erheblich verstärken,
daß wir es in den Licht- und elektrischen Wellen
mit wesensgleichen Erscheinungen zu tun haben. Aber
wir dürfen dabei doch nicht vergessen, daß die Ähnlichkeit zwischen beiden, abgesehen von dieser zahlenmäßigen Übereinstimmung, zunächst doch nur, wie
ich in der ersten Vorlesung bereits andeutete, der
Ähnlichkeit gleicht zwischen der Cheopspyramide und
einem Brocken eines Schneekristalls. Denn es sind
ja Dimensionen der elektrischen Wellen, die wir beobachtet haben, wenn wir ganz absehen von den ganz

langsamen Schwingungen in der singenden Bogenlampe,
von der Ausdehnung von mehreren 100 Metern, wie
die Funkentelegraphie sie verwendet, bis zu mehreren
Zentimetern, während die Lichtwellen sich in der
Größenordnung von 0,6 bis 0,4 Tausendstel Millimeter
bewegen. Nun kann man natürlich die elektrischen
Wellen noch wesentlich kleiner herstellen, man braucht
nur die Apparate immer kleiner und kleiner zu bauen;
aber es wächst damit auch die Schwierigkeit des
Nachweises der Wellen, da die in den Wellen ent-
haltene Energie natürlich auch immer kleiner wird.
Es ist tatsächlich gelungen, durch Verkleinerung der
Dimensionen noch elektrische Wellen nachzuweisen
von 6 mm Länge, ob es gelingen wird, experimentell
noch wesentlich weiter zu kommen, ist jedenfalls frag-.
lich, die Schwierigkeiten der experimentellen Ausführung nehmen dann sehr schnell zu. Die kleinsten
Wellen sind also immer noch 10 000 Mal größer als
die sichtbaren Lichtwellen.

Anstatt die Versuche selbst weiter zu erstrecken,
hat man auch versucht rechnerisch zu ermitteln, wie
weit man einen elektrischen Sender noch verkleinern
muß, damit er elektrische Wellen aussendet von der
Größe der Lichtwellen, und wenn solche Rechnungen
naturgemäß viel Hypothetisches haben, so ist das Ergebnis in diesem Falle jedenfalls sehr interessant,
denn es zeigt sich, daß die Dimensionen der Apparate
ungefähr zu der Größe herabgebracht werden müssen,

welche der Chemiker den Molekülen der chemischen
Substanzen beizulegen sich gewöhnt hat. Das würde
uns auf die Vorstellung bringen, daß die Lichtwellen
tatsächlich elektrische Wellen sind, die von elektrischen
Schwingungen innerhalb der chemischen Moleküle erzeugt werden. Angesichts der durch die Spektral-
analyse festgestellten Tatsache, daß die chemische
Substanz ganz zweifellos an der Natur des im erhitzten
Zustande ausgesandten Lichtes wesentlich beteiligt ist,
werden wir an dieser aus der Deutung des Lichtes
als elektrischer Wellen folgenden Vorstellung keine
besondere Schwierigkeit empfinden. Aber wir wollen
uns hier lieber nicht weiter in solche Spekulationen
verlieren; die ernste Wissenschaft hat stets die Pflicht,
sich eng auf dem Boden der Tatsachen zu halten, und
wenn wir mit den elektrischen Wellen experimentell
nicht mehr recht weiter zu kleineren Dimensionen vor-
dringen können, so steht noch die Frage offen, ist
denn das Gebiet der sich an die Lichtwellen an-
schließenden Wärmestrahlen schon allseitig durch-
forscht, und ist schon eine Grenze bekannt, bis zu
welcher Wellenlänge noch dunkle Wärmestrahlen nachweisbar sind?

Elfte Vorlesung.

Wir kehren wieder zurück zu den Lichtstrahlen, oder besser gesagt, zu der Gesamtheit der Strahlen, welche ein zum Glühen erhitzten Körper aussendet. Von der Mannigfaltigkeit dieser Strahlen erhielten wir zuerst ein Bild, indem wir dieselben durch ein Prisma lenkten und dadurch das Strahlenbündel in ein Spektrum auseinanderlegten. Ich habe auch jetzt wieder den Aufbau zur Erzeugung eines solchen Spektrums hier hergestellt (Fig. 52); unmittelbar vor der Bogenlampe steht ein Spalt, dann folgt eine Linse, die ein Spaltbild erzeugt und dann ein Prisma. Aus Gründen, die wir bald näher einsehen werden, sind beide Teile, Linse und Prisma, aus Quarz hergestellt. Es soll jetzt unsere Aufgabe sein, zu ermitteln, ob die unserem Auge sichtbaren, farbigen Strahlenarten die einzigen sind, die von der glühenden Kohlenspitze unserer Lampe ausgehen, oder ob neben diesen im Spektrum noch andere Strahlen von anderer Wellen-

länge nachweisbar sind. Wir dürfen uns daher nicht
mehr auf das Auge zur Wahrnehmung der Strahlen
verlassen, sondern müssen andere Mittel heranziehen.
Das zuverlässigste Mittel hierfür ist, stets die Strahlen
absorbieren und dadurch sich in Wärme verwandeln
zu lassen; diese Wärme läßt sich dann leicht noch in
den geringsten Spuren nachweisen. Zum Erkennen

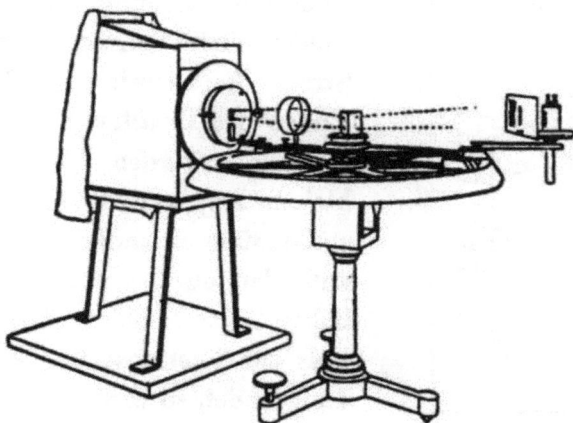

Fig. 52.

solcher geringen Wärmewirkungen soll uns wieder,
wie schon mehrfach, die Thermoelektrizität dienen,
und darauf hin ist dieser kleine Empfangsapparat von
Rubens konstruiert. Eine Reihe kurzer Enden feinen
Eisen- und Konstantendrahtes sind abwechselnd an-
einandergelötet zu einer Figur, wie die beistehende
Zeichnung Fig. 53 zeigt, in welcher die dicken Linien
die eine Drahtsorte, die feine die andere darstellen.

Dieses Drahtsystem ist beiderseits in geringem Abstande durch Metallbleche verdeckt, die nur vor den mittleren Lötstellen spaltenförmige Fenster haben, und diese Lötstellen sind dann gut geschwärzt. Fällt jetzt eine Strahlung auf diesen Apparat, so werden die schwarzen Flächen der Lötstellen die Strahlen absorbieren und in Wärme umsetzen; dadurch tritt an diesen eine gewisse Temperaturerhöhung ein, welche wieder einen thermoelektrischen Strom hervorruft, sobald die Enden des Drahtsystems leitend verbunden werden. Da in diesem kleinen Apparat 20 solcher Lötstellen übereinander liegen und außerdem ein besonders empfindliches Galvanometer zum Nachweis der Thermoströme Verwendung findet, so wird der Apparat in außerordentlich hohem Maße geeignet, noch sehr geringe Strahlungen nachzuweisen. Wenn ich z. B. noch einen kleinen Metalltrichter vor die Lötstellen bringe, der die auffallenden Strahlen nach Art eines Schalltrichters nach den Lötstellen hin sammelt, und stelle den Apparat frei hierher, so daß der Trichter frei nach der einen Seite des Zimmers hin zeigt, so brauche ich nur mich selbst nach dieser Seite hinzubegeben und hier von etwa 4 m Entfernung in den

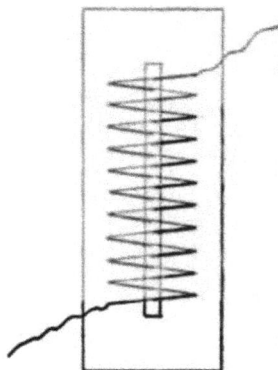

Fig. 58.

Trichter hineinzusehen, so zeigt das Galvanometer bereits einen deutlichen Ausschlag, der von der von meinem Körper ausgehenden Wärmestrahlung herrührt, die sich also auf diese Weise auf 4 m Entfernung hin nachweisen läßt.

Für die nächsten Versuche benutzen wir den Metalltrichter noch nicht, sondern verwenden das spaltförmige Fenster in dem schützenden Metallblech allein, um aus unserem Spektrum die verschiedenen Zonen herauszuschneiden. Ich habe dazu die Thermosäule auf einen drehbaren Arm gesetzt, der gestattet, die Säule in einem Bogen herumzuführen, dessen Mittelpunkt im Prisma liegt. Dadurch wird es leicht, das ganze Gebiet, in welchem Strahlungen erwartet werden können, nämlich die Zone des sichtbaren Spektrums und die rechts und links von demselben liegenden Gebiete, mit der Thermosäule gewissermaßen abzufühlen. Um die Stellung der Thermosäule zum sichtbaren Spektrum jederzeit zu erkennen, ist vor derselben, fest mit ihr verbunden, noch ein weißer Schirm befestigt, der ebenfalls ein spaltförmiges Fenster trägt. Auf diesem Schirm wird das Spektrum scharf eingestellt, und die Stelle des Fensters läßt uns jederzeit die Lage des Strahles im Spektrum erkennen, der im Augenblick gerade den Galvanometerausschlag hervorruft.

Mit diesem Apparat werde ich jetzt das aus dem Prisma austretende Strahlenbündel absuchen. Ich nähere mich mit dem Spalte zunächst von dem violetten Ende her dem sichtbaren Spektrum, und Sie bemerken, daß bereits eine Bewegung unseres Lichtzeigers auf der Galvanometerskala wahrnehmbar wird, bevor ich das sichtbare Spektrum ganz erreicht habe. Also schon jenseits des Violett, in einem Teile, wo unser Auge noch kein Licht empfindet, ist eine nachweisbare, wenn auch nur sehr schwache Wärmewirkung von Strahlen vorhanden. Gehe ich mit der Thermosäule in das Violett hinein, so wird der Ausschlag schon größer und nimmt weiter zu, je weiter ich im Spektrum vorrücke. Im Gelb reicht er schon über die Mitte unserer Skala hinaus, aber wenn hier im Gelb auch für unser Auge die größte Intensität der Strahlung zu liegen scheint, so weist unsere Thermosäule auf ein ganz anderes Verhalten der Strahlungsintensität selbst hin. Denn gehe ich jetzt vom Gelb weiter ins Rot, so nimmt der Ausschlag ganz bedeutend zu, und überschreitet schon das Ende der Skala; gehe ich noch weiter über das rote Ende des Spektrums hinaus, so wird der Ausschlag sogar so groß, daß ich fürchten muß, das empfindliche Galvanometer zu schädigen, denn der Lichtzeiger verschwindet rasch ganz aus dem Gesichtsfelde.

Um zu erkennen, wie weit hier jenseits des Rot noch Strahlen nachweisbar sind, führe ich daher meine Thermosäule zunächst ganz weit aus diesem Gebiete hinaus und nähere mich dann langsam wieder von der roten Seite her dem sichtbaren Spektrum. Sie sehen, daß ich die erste deutliche Bewegung des Lichtzeigers bereits erhalte, wenn ich noch in einem Abstand vom sichtbaren Spektrum mich befinde, der etwa 3 bis 4 mal so groß ist, wie die ganze Breite dieses

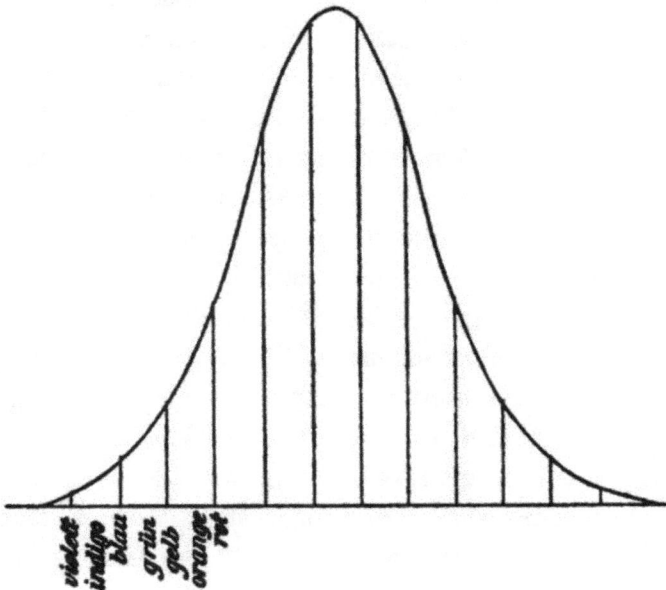

Fig. 54.

Spektrums beträgt, und rücke ich in gleichem Sinne an das Spektrum heran, so findet von hier aus ein Anwachsen des Ausschlages in ganz ähnlicher Weise statt, wie wir es eben vorher am violetten Ende beobachteten. Würden wir die Größe der Ausschläge in ihrer Beziehung zum farbigen Spektrum graphisch aufzeichnen, so erhalten wir ein Bild wie die beistehende Figur 54. Wenn wir annehmen dürfen, daß alle Strahlen von der schwarzen Fläche der Lötstellen vollständig in Wärme umgesetzt werden, so gibt uns diese Figur erst ein richtiges Bild der Intensität der gesammten vorhandenen Strahlen, und wir erkennen, daß die sichtbaren Strahlen nur einen ganz geringen Anteil von diesen ausmachen; weitaus die größte Menge der Strahlen ist unsichtbare, lediglich an der Wärmewirkung erkennbare Strahlung, es ist dies die dunkle Wärmestrahlung. Da diese sich jenseits des Rot im Spektrum zeigt, werden wir auch sogleich schließen, daß diese dunklen Wärmestrahlen größere Wellenlängen besitzen als die sichtbaren Strahlen; wir haben also schon in diesen Strahlen solche, die den uns bekannten elektrischen Wellen etwas näher gerückt sind, als die Lichtstrahlen selbst.

Ist es uns so gelungen, ein großes Gebiet dunkler Strahlen nachzuweisen, so wird es uns natürlich sofort interessieren, bis zu welchen Wellenlängen reichen denn diese Strahlen? wie nahe kommen sie schon den elektrischen Wellen? Doch wir wollen uns mit dieser Frage gar nicht erst aufhalten und gleich noch einen Schritt weiter gehen und fragen, sind die jetzt nachgewiesenen Strahlen denn nun alle, die von der glühenden Kohlenspitze ausgehen? haben wir nun wirklich das Ende des Spektrums erreicht, oder worauf beruht es, daß unser Spektrum sich nicht noch weiter verfolgen läßt?

Ich führe folgenden Versuch aus: ich bringe die Thermosäule ins äußerste Ultrarot, dorthin, wo noch etwa 10 Skalenteile Ausschlag am Galvanometer beobachtet werden, und jetzt schalte ich eine Glasplatte von 4 mm Dicke in den Strahlengang ein. Sie sehen, der Ausschlag verschwindet vollständig; durch die Glasplatte dringt nichts von dieser Strahlung hindurch. Benutze ich an Stelle der Glasplatte eine gleich dicke Quarzplatte, so tritt nur eine ganz geringe Veränderung des Ausschlages ein, die völlig durch den Reflexionsverlust an den Oberflächen der Platte erklärt wird. Diese äußerste ultrarote Strahlung vermag also den Quarz ungeschwächt zu durchsetzen, während Glas für sie undurchlässig ist. Sie sehen jetzt auch den Vorteil, den ich dadurch habe, daß ich Linse und Prisma aus Quarz genommen habe; denn wären sie aus Glas, so würde ich diese äußerste Strahlung überhaupt nicht mehr erhalten haben, sie wäre in der Linse schon vollständig absorbiert. Das Spektrum bei Verwendung von Glasapparaten wäre einfach entsprechend kürzer ausgefallen. Das aber führt uns sofort zu der nächsten Frage, ob denn Quarz nun nicht auch noch weitere Strahlen absorbiert, ob die Begrenzung des Spektrums bei diesem nicht ebenfalls durch die Absorption von Strahlen bedingt ist, so daß wir auch hier noch immer nicht die äußersten und langwelligsten Strahlen erreichen. In der Tat würden schon Apparate von Flußspat und

Steinsalz uns zeigen, daß wirklich auch schon der Quarz eine Menge von Strahlen zurückhält, und wir fragen weiter, haben wir im Steinsalz denn endlich die Substanz, die uns alle Strahlen auf diesem Wege wahrzunehmen gestattet, können wir überhaupt jemals sicher sein, daß wir die äußersten vorhandenen Strahlen erreicht haben?

Um über diese Verhältnisse zur Klarheit zu kommen, müssen wir einmal einem Gedankengange folgen, der für Rubens in Charlottenburg der Ausgangspunkt für eine Reihe höchst sinnreicher Untersuchungen geworden ist. So lange auch die Tatsache der Dispersion der Lichtstrahlen bei der Brechung schon bekannt ist, und daraus die ungleiche Geschwindigkeit der Strahlen verschiedener Farben geschlossen werden mußte, so hat es doch immer sehr erhebliche Schwierigkeiten gemacht, diese Tatsache aus irgend welchen theoretischen Vorstellungen heraus abzuleiten. Weder die Auffassung des Lichtes als elastischer Wellen konnte Aufklärung über eine Abhängigkeit der Geschwindigkeit von der Wellenlänge geben, noch auch war einzusehen, warum elektrische Wellen eine solche Abhängigkeit zeigen sollten. Geht man nun den rein empirischen Weg der Forschung, so hat man sich zunächst die Art dieser Abhängigkeit zwischen Wellenlänge und Fortpflanzungsgeschwindigkeit übersichtlich zu vergegenwärtigen. Es geschieht dies am besten durch eine graphische Darstellung, wie sie Fig. 55

gibt. Auf der Horizontalen sind die Wellenlängen des Lichtes aufgetragen, und über jeder Wellenlänge die Größe des Brechungsindex als Ordinate. Wäre für alle Wellenlängen die Geschwindigkeit die gleiche, so lägen die Endpunkte aller dieser Ordinaten auf einer Parallelen zur Grundlinie; in Wahrheit finden wir jedoch eine Kurve, die nach dem violetten Ende stark anzusteigen pflegt. Diese Kurve ist durchaus nicht für alle Substanzen die gleiche, sondern es zeigt sich,

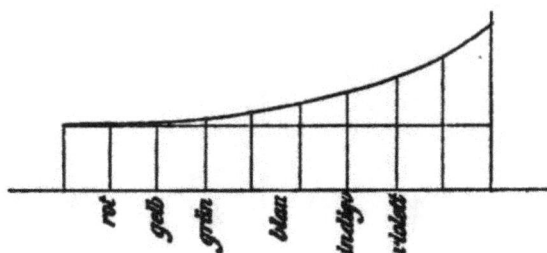

rot gelb grün blau indigo violett

Fig. 55.

daß jeder Substanz eine ganz bestimmte Gestalt der „Dispersionskurve" eigen ist. Lange Zeit stimmten aber wenigstens alle Kurven für die verschiedensten Substanzen darin überein, daß sie stets die konvexe Seite der Grundlinie zukehrten und vom roten nach dem violetten Ende beständig anstiegen. Kundt hat jedoch die Entdeckung gemacht, daß es von dieser Regel auch Ausnahmen gibt. Er fand, daß bei sehr intensiven Farbstoffen eine Kurve beobachtet wird, die die Gestalt der Fig. 56 haben kann. Die Kurve

besteht aus zwei Teilen uud zeigt dazwischen eine
Unterbrechung. Die Unterbrechungsstelle entspricht
der Farbe, für welche der Farbstoff vollständig undurchlässig ist. Im durchfallenden Lichte erscheint
er daher in einer Farbe, die aus den Teilen des
Spektrums, für welche die Kurve vorhanden ist, zu-
sammengesetzt ist; für das gezeichnete Beispiel, Diamantgrün, sind dies Rot und Blau; dagegen besitzt das

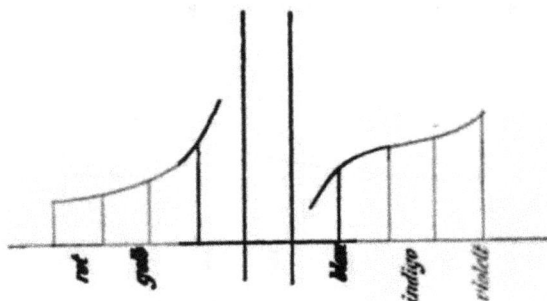

Fig. 56.

von der Oberfläche des Farbstoffes reflektierte Licht
fast ganz die Farbe des in der Kurve fehlenden
Farbengebietes, in diesem Falle also Grün. Der Farbstoff erscheint in grünem, metallartigem Glanze.
Es hat sich gezeigt, daß alle Körper, die solchen
reinen farbigen Metallglanz haben, ein gleiches Verhalten der Dispersionskurve zeigen; die Farbe des
Glanzes fehlt in der Kurve, und zu beiden Seiten
dieser Stelle krümmt sich die Kurve stets in ähnlicher Weise.

Diese Erscheinungen weisen deutlich darauf hin, daß die Gestalt der Dispersionskurve für irgend eine Substanz stark davon abhängt, ob es ein Gebiet von Wellenlängen gibt, für welche diese Substanz vollkommen undurchlässig ist, und die sie deswegen sehr stark reflektiert. Um nun weitere Gesetzmäßigkeiten unter diesen Verhältnissen zu finden, hat man versucht, für die Dispersionskurven mathematische Gleichungen zu ermitteln, und unter Berücksichtigung der Absorptionsverhältnisse ist dies auch gelungen. Es hat sich tatsächlich eine mathematische Beziehung zwischen Wellenlänge, Absorption und Brechungsindex auffinden lassen, mit Hilfe der die bekannten Dispersionskurven eine richtige Wiedergabe fanden.

An diese Tatsache hat nun Rubens angeknüpft, und wir verstehen seinen Gedankengang am besten durch folgenden Vergleich. Wenn der Astronom einen Kometen entdeckt, so beobachtet er ihn zunächst wenige Tage hintereinander und legt. dadurch einige Punkte seiner Bahn fest. Nun kennt er aber das mathematische Gesetz, welches alle Kometenbahnen befolgen, und nach welchem sie in Ellipsen, Parabeln oder Hyperbeln sich bewegen müssen; dadurch ist aber der Mathematiker in den Stand gesetzt, sobald er einige Punkte der Kometenbahn beobachtet hat, die ganze Bahn zu berechnen und alle künftigen Stellungen des Kometen am Sternenhimmel vorauszusagen. Ganz analog verfährt nun auch Rubens;

er nimmt an, daß die durch die Versuche ermittelte Gleichung der Dispersionskurven ein allgemeines Gesetz enthält, das auch noch über das Gebiet, in welchem die Beobachtungen angestellt sind, hinaus Geltung besitzt, und er sagt sich dann, daß auch die einfach gekrümmten Dispersionskurven sich nach diesem Gesetz vervollständigen lassen. Der bis dahin bekannte Abschnitt entspricht nur dem Teil der Kurve, der beim Diamantgrün über dem Blau und Violett liegt. An der Hand der gefundenen Gleichung können wir die Kurven weiter verfolgen und vollständig ergänzen. Dann aber führt schließlich jede Dispersionskurve, wenn sie nur weit genug in das Ultrarot verlängert wird, zu einem Gebiet von Wellenlängen, welche von der betreffenden Substanz vollständig zurückgehalten werden; und, wenn man einen Teil der Dispersionskurve bestimmt hat, so läßt sich aus diesen bereits die Stelle vorausberechnen, für welche diese Absorption zu erwarten ist.

Welche wichtige Folgerung aus diesen Überlegungen sich für unsere Versuche ergibt, liegt jetzt auf der Hand. Wenn wir irgend eine durchsichtige Substanz haben, die zugleich eine Dispersion des Lichtes bewirkt, so daß wir sie zum Entwerfen eines Spektrums benutzen können, so läßt das Vorhandensein der Dispersion schon erwarten, daß die Substanz irgendwo im Ultrarot völlig undurchlässig ist. Das beobachtete Spektrum kann dann wohl bis nahe an diese Stelle heranreichen,

aber niemals über sie hinaus, und die Begrenzung des
Spektrums an dieser Stelle kann kein Beweis dafür
sein, daß nicht doch noch langwelligere Strahlen vorhanden sind, als unser Versuch zeigt.

Der Charakter der Dispersionserscheinungen hat
nun Rubens auch den Weg gezeigt, wie diese nicht
mehr hindurchgelassenen
Strahlen doch noch nach-
zuweisen sind. Wir sahen,
daß beim Diamantgrün
gerade diese betreffende
Strahlengruppe ganz be-
sonders stark reflektiert
wird, sie wird wie von
einem Metallspiegel zu-
rückgeworfen. Wenn das
bei allen Substanzen sich
wiederholt, so werden
auch die gesuchten Strah-
len durch Reflexion zu
finden sein, sobald die
Durchlässigkeit versagt.

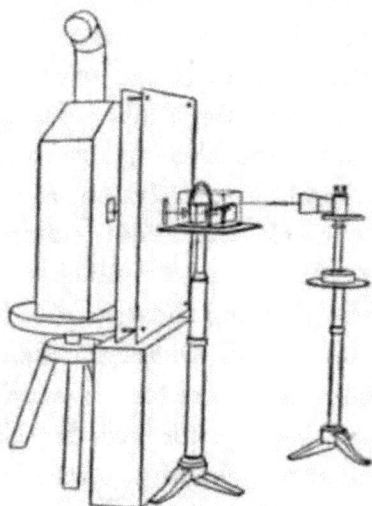

Fig. 57.

Das aber führt zu der
folgenden sehr einfachen Versuchsanordnung.

Das Licht einer Lampe, am besten Gasglühlicht,
tritt aus einem rechteckigen Fenster und fällt auf
eine Quarzplatte (Fig. 57), von dieser wird es nach
einer zweiten und von dort noch nach einer dritten
jedesmal unter sehr steilem Einfallswinkel reflektiert.

Das von der dritten Platte kommende Licht fällt auf einen Silberhohlspiegel, und dieser entwirft ein Bild der Lichtquelle in die Thermosäule ·hinein, die ich nun wieder durch Vorsetzen des Metalltrichters auf die größte Empfindlichkeit gebracht habe. Der Einfluß dieser mehrfachen Reflexionen ist folgender. Das Licht, das wir vorhin im Spektrum haben beobachten können, dringt durch die Quarzplatten hindurch und wird bei dem steilen Einfall nur wenig reflektiert; aber der Teil des Lichtes, für den Quarz undurchlässig ist, wird sehr stark reflektiert. Je öfter die Reflexion sich wiederholt, desto mehr überwiegt daher diese letztere Strahlengattung, so daß wir schon nach dreifacher Reflexion fast nur noch diese Gattung haben, die die Rubens nun die „Reststrahlen" des Quarzes genannt hat. Von dieser Tatsache kann uns der Versuch leicht überzeugen; ich habe das Fenster vor der Lampe bis jetzt noch verschlossen gehalten; öffne ich dasselbe, so gibt die Thermosäule einen Ausschlag von etwa 60 Skalenteilen. Jetzt aber bringe ich die Quarzplatte, die ich schon vorhin einmal in den Strahlengang einschaltete, und die sich dort als vollständig durchlässig erwies, vor das Fenster; Sie sehen, daß der Ausschlag vollständig zurückgeht, die Strahlung, die bei dieser Versuchsanordnung die Thermosäule erreicht, wird vom Quarz vollständig absorbiert; wir haben es in der Tat mit den Reststrahlen des Quarzes zu tun.

Rubens hat nun auch noch die Reststrahlen des Quarzes auf ein feines Drahtgitter fallen lassen und dadurch Beugungserscheinungen hervorgerufen, die es ermöglichten, die Wellenlänge dieser Reststrahlen zu bestimmen. Er fand so eine Wellenlänge von neuntausendstel Millimeter, eine Größe, die mit der aus der Dispersionskurve berechneten übereinstimmt. Die Versuche zeigen also die Richtigkeit der vorher angestellten Überlegungen, sie bestätigen das Dispersionsgesetz und seine Beziehung zur Absorption und zeigen uns in der Tat, wie man auf diesem Wege zum Nachweise derjenigen Stellen gelangen kann, die bei der prismatischen Zerlegung nicht mehr erhalten werden können.

Daß wir es in diesen Reststrahlen nun in der Tat mit Strahlen zu tun haben, die bereits in mancher Beziehung ein anderes Verhalten zeigen als die Strahlen des Spektrums, können wir noch an weiteren Absorptionserscheinungen zeigen. Glas ist natürlich auch für diese Strahlen noch völlig undurchlässig, ich habe aber hier noch eine dünne Paraffinplatte und eine Hartgummiplatte. Beide zeigen sich im Gebiet des ultraroten Spektralgebietes völlig undurchlässig, schalte ich sie jedoch in den Strahlengang der Reststrahlen ein, so bemerken Sie beim Hartgummi eine, wenn auch nur sehr geringe, doch merkbare, und beim Paraffin schon eine sehr deutliche Durchlässigkeit.

Der Quarz ist nun noch eine Substanz, deren Absorptionsgebiet noch gar nicht so sehr langwellige

Strahlen enthält, wie die eben genannte Größe dieser Wellen zeigt. Es wird nach dem Charakter der Dispersionskurven offenbar das Absorptionsgebiet einer Substanz um so größeren Wellenlängen entsprechen, je gestreckter und flacher die Dispersion verläuft, d. h. aber in gewöhnlicher Bezeichnung, je geringer die Dispersion ist. Wir werden daher um so langwelligere Reststrahlen erhalten an solchen Substanzen, die möglichst geringe Farbenzerstreuung zeigen. In diesem Sinne ist denn auch Rubens fortgeschritten. Ich habe hier noch die Versuchsanordnung zum Nachweis der Reststrahlen des Flußspates vorbereitet. Ich entferne die Holzplatte, auf welcher die drei Quarzstücke aufgeklebt sind, und ersetze sie durch eine gleiche, auf welcher drei Flußspatstücke in analoger Anordnung befestigt sind. Öffne ich jetzt das Fenster, um die Strahlung aus der Lampe austreten zn lassen, so bemerken Sie wieder einen Ausschlag des Galvanometers, der nunmehr durch die Reststrahlen des Flußspats bewirkt wird. Derselbe beträgt jetzt allerdings nur noch 20 cm, hauptsächlich deswegen, weil die Lampe vor dieser langwelligen Strahlenart nur noch eine geringere Menge aussendet; die Größe dieses Ausschlages reicht aber noch völlig aus, um den Charakter dieser Strahlen deutlich zu erkennen. Das Einschalten einer Quarzplatte schneidet die Strahlen wieder völlig ab; Quarz ist also noch völlig undurchlässig. Das Einschalten der Hartgummiplatte läßt aber schon einen größeren Ausschlag zustande kommen als vorhin, obwohl doch die Gesamtstrahlung geringer ist. Durch die Paraffinplatte hindurch wird sogar ein Ausschlag von fast 10 cm bewirkt, also fast die Hälfte der Gesamtstrahlung durchdringt noch diese Platte. Die Wellenlänge des Flußspats wurde von Rubens zu 25,5 Tausendstel Millimeter ermittelt, ebenfalls in guter Übereinstimmung mit der Berechnung; aber er ist dann noch weiter gegangen und hat auch die durchlässigsten Substanzen untersucht, die bisher bekannt sind, und so fand er nach dem gleichen Verfahren für Steinsalz eine Wellenlänge der Reststrahlen von 50 Tausendstel und für Sylvin sogar eine solche von 60 Tausendstel Millimeter.

Es ist also durch die Versuche von Rubens nachgewiesen, daß unter den Strahlen, welche von einem glühenden Körper ausgehen, und die wir im weiteren Sinne Lichtstrahlen nennen, bereits solche enthalten sind von im Vergleich zu den unserm Auge wahrnehmbaren Strahlen sehr bedeutender Wellenlänge; erreichen doch die äußersten nachgewiesenen Strahlen bereits den hundertfachen Wert der Wellenlänge des gelben Lichtes. Der große Unterschied in der Größenordnung der elektrischen Wellen gegenüber den Lichtwellen schwindet dadurch ganz bedeutend zusammen, und stellen wir jetzt die beobachteten Wellenlängen gegenüber, so haben wir auf der einen Seite die elektrischen Wellen von mehreren

hundert Metern bis zu 6 mm, auf der anderen Seite
die Lichtwellen mit 0,06 mm bis zu 0,0001 mm. Die
Gebiete, die von beiden Wellengruppen umfaßt werden,
sind außerordentlich groß, und im Vergleich zu dieser
Ausdehnung kann man die dazwischen bis jetzt noch
bestehende Lücke nur noch als recht geringfügig ansehen.

Zweifellos ist diese Lücke allerdings noch immer
vorhanden, und wir können keineswegs die Gewißheit
haben, ob sie sich jemals völlig wird überbrücken
lassen, denn die Schwierigkeiten, vor einer der beiden
Seiten in dieses Gebiet vorzurücken, steigern sich ganz
außerordentlich. Es ist daher von großer Bedeutung
für die Wahrscheinlichkeit, daß Licht- und elektrische
Strahlen wirklich gleicher Natur sind, daß es Rubens
nun auch noch gelungen ist, mit den langwelligen
Reststrahlen Erscheinungen zu beobachten, die durch
Zurückführung auf eine rein elektrische Resonanz ihre
einfachste Deutung erfahren.

Die Reststrahlen des Sylvins werden durch eine
Paraffinplatte bereits fast völlig durchgelassen; über-
zieht man eine solche Platte mit einer dünnen Metall-
schicht und ritzt in diese Linien ein, so erhält man
eine Platte, in welcher die Metallstreifen allein die
Reststrahlen des Sylvins reflektieren werden. Rubens
stellte nun solche feine Gitter her, in welchen er die
Länge der Metallstreifen noch einmal quer teilte
(siehe Fig. 58), und zwar machte er die Länge der

Streifen auf dem einen Gitter gleich 0,03, dem zweiten
gleich 0,06, dem dritten gleich 0,09 mm. Ließ er
nun die Reststrahlen des Sylvins von diesen Platten
reflektieren, so zeigte das Gitter mit 0,06 mm Streifen-
länge deutlich ein stärkeres Reflexionsvermögen als
die anderen beiden Gitter, und er deutete diese Erscheinung dahin, daß bei diesem Gitter die Streifen
in Resonanz mit der Wellenlänge der auffallenden
als elektrisch anzusehenden
Strahlen stehen. Wenn wirklich
die Lichtstrahlen elektrische
Schwingungen sind, so müssen
wir eine solche Resonanz-
erscheinung erwarten, denn die
Metallstreifen, deren Länge
mit der Wellenlänge über-
einstimmt, müssen durch diese

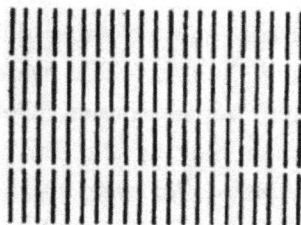

Fig. 58.

Schwingungen ganz besonders stark erregt werden,
sie müssen daher auch stärker absorbierend wirken.
Daß bei dem Rubensschen Versuch eine solche
stärkere Reflexion beobachtet wurde, können wir daher
wohl mit Recht als ein erstes direktes Anzeichen auf-
fassen für die wirkliche Verwandtschaft der beiden
Wellengruppen, die wir in diesen Vorlesungen in
ihren verschiedensten Erscheinungen studiert haben.

Zwölfte Vorlesung.

Elektrisches Leitvermögen und Absorption des Lichtes. — Durchsichtigkeit der Metalle. — Drudes Formel und Ergebnisse von Rubens. — Drehung der Polarisationsebene des Lichtes. — Schluß.

Wir haben bisher zwischen den Licht- und elektrischen Wellen die auffallende Ähnlichkeit der gleichen Form als reiner Transversalwellen bemerkt, und fanden dann, daß sie auch gleiche Fortpflanzungsgeschwindigkeit haben. Der wesentliche Unterschied bestand in der verschiedenen Größenordnung der Wellen, und auch hier zeigte sich, daß dieser Unterschied kein so prinzipieller war, sondern es hat sich nachweisen lassen, daß die Brücke, die noch zwischen den Größen der beiden Wellenarten besteht, nur unbedeutend ist im Vergleich zu der Gesamtheit der wirklich beobachteten Wellen. Macht dies alles es zwar sehr wahrscheinlich, daß beide Wellenarten auch wesensgleicher Natur sind, so reichen die mitgeteilten Tatsachen doch keineswegs aus, um in ihnen einen wissenschaftlichen Beweis für ihre Identität zu erblicken. Wir brauchen uns nur zu erinnern, aus welchen Gründen wir vordem die Theorie des Lichtes als Wellen in einem elastischen

Medium abgelehnt haben. Auch zwischen Lichtwellen und elastischen Wellen, wie wir sie auf Grund der rechnenden Mechanik uns herstellen können, besteht eine Übereinstimmung in außerordentlich hohem Grade. Sobald wir aber von ganz langsam verlaufenden elastischen Schwingungen übergehen wollen zu Schwingungen von der Kleinheit und Geschwindigkeit der Lichtwellen, so kommen wir zu Anforderungen für die elastische Grundsubstanz, die uns für den Träger der Lichtwellen schlechterdings unerfüllbar schienen.

Für die elektrischen Wellen liegen die Verhältnisse jetzt so, daß wir zwar wissen, daß ihre Fortpflanzungsgeschwindigkeit derjenigen des Lichtes gleichkommt, aber da wir über die Natur der Elektrizität selbst nichts wissen, vermögen wir gar nichts darüber auszusagen, ob denn elektrische Wellen bis zu der Kleinheit der Lichtwellen überhaupt möglich sind, oder ob nicht gerade aus der Forderung dieser Kleinheit ähnliche Schwierigkeiten erwachsen, wie sie für den elastischen Lichtäther entstanden. Die Gesetze der elektrischen Erscheinungen sind abgeleitet aus Beobachtungen an Körpern von bequem meßbaren Dimensionen und enthalten in ihrer Ableitung stets die als selbstverständlich betrachtete Voraussetzung, daß die Materie, innerhalb welcher die elektrischen Erscheinungen beobachtet werden, als homogene Masse angesehen werden kann. Gehen wir aber zu den Dimensionen der Lichtwellen über, so sahen wir, daß wir dann wahrscheinlich zu so kleinen Größen kommen, für welche die Anschauungen der Chemiker durchaus Diskontinuität der Materie fordern, indem sie die verschiedenen Stoffe in ungleiche Atome und Moleküle zerlegt sich vorstellen. Ob bis in dieses Gebiet hinein die Gesetze der Ausbreitung elektrischer Wellen noch übertragen werden können, das ist ein Punkt, über den sich von vornherein nichts aussagen läßt.

Eine Entscheidung darüber, ob die Lichtwellen nun wirklich als eine Fortsetzung der elektrischen Wellen bis zu diesen kleinen Dimensionen angesehen werden dürfen, kann nur durch die Erfahrung selbst, durch neue Versuche und Entdeckungen gemacht werden, und diese Entscheidung wird stets auch nur gerade für den Bereich gelten, der durch die neuen Untersuchungen erschlossen ist. Für die Wissenschaft ergibt sich daher folgende Fragestellung: Wenn wir die Annahme machen, daß die Lichtwellen die Fortsetzung der elektrischen Wellen sind, welche Beziehungen müssen dann zwischen den optischen Eigenschaften der Körper und den elektrischen bestehen. Es entstehen also aus der Einführung dieser Annahme eine Menge von Probleme, die im Experiment zu prüfen sind, und je nachdem die Probleme in bejahendem oder verneinendem Sinne gelöst werden, werden sie eine Bestätigung unserer Annahme bringen oder zu neuen Fragen nach dem Grunde der Abweichung Veranlassung geben.

Wir sahen bereits, daß die Brechnungsquotienten für Licht- und elektrische Wellen für eine ganze Anzahl von durchsichtigen Stoffen sich als wesentlich gleich gezeigt haben, für andere dagegen, z. B. Alkohol und Wasser, bestanden ganz gewaltige Verschiedenheiten; es ergibt sich hieraus das Problem, zu ermitteln, wenn doch beide Arten von Wellen gleicher Art sein sollen, mit welchen Eigenschaften der Körper diese auffallenden Unterschiede im Zusammenhang stehen. Dies führt tief hinein in die Frage nach der inneren Ursache der Dispersion, nach der Abhängigkeit der Gestalt der Dispersionskurve von elektrischen Eigenschaften der Körper.

In dem am Schlusse der letzten Vorlesung beschriebenen Versuch, durch den Rubens an den sehr langwelligen Lichtwellen eine elektrische Resonanzerscheinung nachweisen konnte, ist ferner eine neue direkte Beziehung zwischen elektrischen und optischen Erscheinungen entdeckt; es fragt sich, ob diese allgemeiner Natur und auch an den sichtbaren Lichtwellen nachweisbar ist. In dieser Richtung glaubt gegenwärtig Ferd. Braun in Straßburg einige neue Tatsachen gefunden zu haben, indem er an außerordentlich fein zerstäubten Metallflächen neue Polarisationserscheinungen beobachtet hat, die er als den Versuchen mit Drahtgittern an elektrischen Wellen analog deuten zu müssen glaubt. Alle diese Versuche stehen jedoch noch im ersten Stadium ihrer Entwicke-

lung, aber auf einem anderen Gebiete sind bereits
sehr bemerkenswerte Ergebnisse erreicht worden, und
wieder ist es Rubens, dem dieselben zu verdanken
sind.

Es ist bereits Maxwell, dem die Idee der Identität der elektrischen und optischen Wellen zuerst
klar vorgeschwebt hat, aufgefallen, daß zwischen der
Durchsichtigkeit der Körper und ihrem elektrischen
Leitvermögen nicht überall das Verhältnis besteht,
das diese elektromagnetische Theorie des Lichtes erwarten läßt. Die elektrischen Wellen werden nur
zurückgehalten von leitenden Körpern, vorwiegend
den Metallen, und diese sind ja auch im allgemeinen
für Licht undurchlässig, während die durchsichtigen
Körper gute Isolatoren der Elektrizität sind, abgesehen
von den Flüssigkeiten, bei denen durch die chemische
Zersetzung andere Verhältnisse eintreten. Aber
andrerseits gibt es auch völlig undurchsichtige Körper,
wie Hartgummi, die die Elektrizität gar nicht leiten,
und es zeigen auch die Metalle in sehr dünnen
Schichten eine gewisse Durchsichtigkeit, die mit ihrer
völligen Absorption elektrischer Wellen in Widerspruch steht. Vergleicht man die verschiedenen
Metalle unter sich, so zeigt sich ferner, daß ihre
Durchsichtigkeit gar nicht einmal mit ihrem elektrischen
Leitvermögen in dem zu erwartenden Verhältnis
steht. Es ist zum Beispiel Silber, das zu den besten
Leitern unter den Metallen gehört, verhältnismäßig

sehr durchsichtig, während Platin sehr viel undurch-
sichtiger ist, obwohl es viel schlechter leitet.

Um diesen Widerspruch gegen die elektromagnetische Lichttheorie aufzuklären, sind von Rubens
in Gemeinschaft mit Hagen eine Reihe von Arbeiten
ausgeführt worden, um die Beziehungen, welche zwischen
dem Absorptionsvermögen der Metalle gegen Lichtstrahlen und dem elektrischen Leitvermögen bestehen,
festzustellen. Auch ohne auf die theoretische Ent-
wickelung der Vorgänge bei den elektrischen Wellen
näher einzugehen, wird es verständlich sein, daß es
möglich sein muß, zu berechnen, wie viel von den
auf eine Metallwand auftreffenden elektrischen Wellen
durch das Leitvermögen im Metall in Wärme umgesetzt, und wie viel reflektiert wird. Drude und
Planck haben hierüber eine Formel aufgestellt, die
folgende einfache Gestalt hat. Setzen wir die Intensität der auftreffenden elektrischen Welle gleich 100
und nennen R die Intensität der reflektierten Welle,

so ist $R = 100 \left(1 - \dfrac{2}{5{,}48\sqrt{\varkappa\lambda}}\right)$. Hier bedeutet λ die

Wellenlänge der auftreffenden Wellen gemessen in
Tausendtelmillimetern, und $\varkappa$ ist das Leitvermögen des
Metalles der Wand, und zwar in solchem Maße ge-

messen, daß $\dfrac{1}{\varkappa}$ den Widerstand in Ohm von einem

aus dem Metall gezogenen Draht von 1 Meter Länge

und ein Quadratmillimeter Querschnitt bedeutet. Aus dieser besonderen Art, das Leitvermögen auszudrücken, ergibt sich der Wert des Zahlenfaktors $\frac{2}{5,48}$. Die elektromagnetische Lichttheorie fordert, daß die Drudesche Formel nun auch für die Lichtwelle Gültigkeit hat; um sie zu prüfen, müßte der Wert von R, also das Reflexionsvermögen für Lichtwellen gemessen werden.

Das Prinzip, nach welchem eine solche Messung auszuführen ist, ist leicht zu verstehen; eine Lichtquelle wirkt das einemal direkt auf eine Thermosäule ein, das anderemal fallen die Strahlen zunächst auf einen Metallspiegel und dann erst auf die Thermosäule. Das Verhältnis beider Wirkungen entspricht dann dem Werte von $100 : R$. Um die so erhaltenen Bestimmungen von R für das vorliegende Problem verwendbar zu machen, ist aber noch erforderlich, daß dieselben mit einer ganz bestimmten und bekannten Wellenlänge gemacht werden. Es wurde daher noch das Licht der Strahlungsquelle spektral zerlegt, und zwar, um möglichst auch die langwelligen Strahlen benutzen zu können, durch ein Flußspatprisma. Aus dem erhaltenen Spektrum wurde dann ein Streifen herausgeblendet, und dieser erst diente als Strahlungsquelle für die Versuche.

Auf diese Weise wurde zunächst festgestellt, daß das Reflexionsvermögen bei den meisten Metallen für

Wellenlängen, die den sichtbaren Strahlen nahe liegen, ziemlich gering ist; für größere Wellenlängen nimmt das Reflexionsvermögen jedoch rasch zu, um für Werte der Wellenlängen, die über 10 Tausendtelmillimeter liegen, fast konstante Werte anzunehmen. Es war nun von Interesse für dieses Gebiet der langen Wellen, die Drudesche Formel genauer zu prüfen, und es wurde deswegen für die Wellenlänge 0,0012 mm die Größe $100 - R$ bestimmt und zugleich das Leitvermögen $\varkappa$ der Metalle nach bekannten elektrischen Methoden gemessen. Nach der Drudeschen Formel

müßte dann $(100 - R) = \dfrac{200}{5,48\sqrt{\varkappa\lambda}}$ sein. Da $\varkappa$ und λ

bekannt waren, konnte der Zahlenwert der rechten Seite im voraus berechnet und dem aus den Beobachtungen ermittelten $100 - R$ gegenübergestellt werden. Es wurde so gefunden für:

	$(100 - R)$		$(100 - R)\sqrt{\varkappa}$	
	beobachtet	berechnet	beobachtet	berechnet
Silber	1,15	1,3	9,03	
Kupfer	1,60	1,4	12,1	
Gold	2,15	1,6	13,8	
Platin	3,5	3,4	10,6	11,1
Nickel	4,1	3,5	20,0	
Stahl	4,9	4,6	11,0	
Konstanten	6,0	7,1	8,6	

In der dritten Kolumne in dieser kleinen Tabelle sind noch die Werte für die Größe $(100 - R) \sqrt{\varkappa}$, wie sie aus den Beobachtungen folgen, zusammengestellt. Diese mußten nach der Formel für alle Metalle die gleichen sein, nämlich gleich $\dfrac{200}{5{,}48\sqrt{12}}$ $= 11{,}1$ sein.

Der Vergleich der gegenüberstehenden Zahlen zeigt, daß für die Wellenlängen 0,0012 mm eine sehr deutliche Annäherung zwischen den Forderungen der Theorie und den Ergebnissen der Beobachtung besteht, von der im Gebiete der sichtbaren Strahlen noch gar keine Rede sein konnte. Daraufhin haben Rubens und Hagen ihre Versuche noch weiter ausgedehnt bis zu der Wellenlänge, die den Reststrahlen des Flußspats entspricht; doch haben sie hierfür die Beobachtungsweise noch einmal ganz ändern müssen.

Da mit wachsender Wellenlänge die Werte von R zunehmen, so wird schließlich die zu bestimmende Größe $100 - R$ sehr klein und daher bei einer Differenzbestimmung aus 100 und R nur sehr ungenau erhalten. Es erschien daher wünschenswert, die Größe $100 - R$ direkt zu messen. Nun ist aber diese Größe der Unterschied zwischen den auftreffenden und den reflektierten Wellen, also diejenige Größe, die bei der Reflexion in der Wand vernichtet oder absorbiert wird. Die Absorption der auftreffenden Strahlen wäre allerdings noch schwieriger zu messen gewesen, aber Rubens und Hagen sind durch Anwendung eines Kunstgriffes doch zum Ziele gelangt. Nach einem bekannten von Kirchhoff gefundenen Gesetz über die Lichtemission erhitzter Körper besteht zwischen der absorbierten und der emittierten Lichtmenge stets Proportionalität; sobald also die emittierten Lichtmengen bestimmt werden, ergeben sich daraus auch die Werte von $100 - R$. Dies ließ sich nun verhältnismäßig einfach erreichen. In einem Kasten, der mit einer Heizflüssigkeit gefüllt war, waren Fenster aus den verschiedenen Metallen eingesetzt, die durch Berührung mit der gleichen Heizflüssigkeit auf die gleiche Temperatur gebracht wurden. Es wurde nun aus den von den verschiedenen Fenstern ausgehenden Strahlungen durch Reflexion an mehreren Flußspatflächen die Wellenlänge von 0,0255 ausgeschieden und deren Intensität durch ihre Einwirkung auf die Thermosäule bestimmt. Die so erhaltenen Werte waren dann zunächst proportional den Größen $100 - R$ für die verschiedenen Metalle, und durch eine besondere Eichung der ganzen Anordnung konnten auch die Werte von $100 - R$ selbst erhalten werden. Die auf diesem Wege erhaltenen Zahlen sind in der folgenden Tabelle zusammengestellt.

	$100-R$		$(100-R)\sqrt{\varkappa}$	
	beobachtet	berechnet	beobachtet	berechnet
Silber	1,13	1,15	7,07	
Kupfer	1,17	1,27	6,67	
Gold	1,56	1,39	8,10	
Aluminium	1,97	1,60	8,91	
Zink	2,27	2,27	7,24	
Cadmium	2,55	2,53	7,29	7,23
Platin	2,82	2,96	6,88	
Nickel	3,20	3,16	7,33	
Zinn	3,27	3,23	7,32	
Stahl	3,66	3,99	6,62	
Rotguß	2,70	2,73	7,16	
Manganin	4,63	4,69	7,16	
Konstantan	5,26	5,05	7,43	

Mittel 7,30

Die Übereinstimmung zwischen den beobachteten und berechneten Werten ist in anbetracht der Schwierigkeiten der Messungen eine sehr gute zu nennen und man wird in diesen Ergebnissen einen schönen Beleg für die Tatsache finden, daß die Gesetze über die Reflexion und Absorption elektromagnetischer Wellen ihre Gültigkeit bis herab zu den Wellenlängen von 1 bis 2 Hundertstel Millimeter beibehalten, und daß wir die dunkle Wärmestrahlung von dieser Wellenlänge als elektromagnetische Strahlung ansehen dürfen. Bis zu dieser Größe hinab hat also die Max-

wellsche Theorie durch die Arbeiten von Rubens und
Hagen ihre Bestätigung gefunden und dadurch kenn-
zeichnen sich diese Arbeiten als einen der schönsten
Erfolge der neueren Physik. Beim Weitergehen zu
noch kleineren Wellenlängen beginnen dann die Differenzen zwischen der Theorie und der Beobachtung
sich bemerklich zu machen.

An diesen wenigen Beispielen zeigt sich bereits,
wie außerordentlich fruchtbar die Idee der elektromagnetischen Auffassung des Lichtes für weitere physi-
kalische Forschungen geworden ist, aber wir dürfen
unsere Besprechung der Beziehungen zwischen Licht
und elektromagnetischen Erscheinungen jetzt nicht
nur beschränken auf die Betrachtungen, die sich als
Konsequenzen der Maxwellschen Theorie notwendig
uns bieten, sondern es entsteht die Aufgabe, auch
andere Erscheinungen, die ganz unabhängig von dieser
Theorie beobachtet sind, die aber ganz zweifellos eine
Wechselbeziehung zwischen Licht und Magnetismus
erkennen lassen, mit den aus der Theorie gewonnenen
Vorstellungen in Einklang zu bringen. Der große
englische Physiker Faraday, dem die Idee der
Zusammengehörigkeit der optischen und elektrischen
Vorgänge sein ganzes Leben lang vorschwebte, hat
unermüdlich nach derartigen Erscheinungen gesucht,
und es ist ihm allerdings erst nach sehr vielen ver-
geblichen Versuchen gelungen, eine solche Beziehung
sehr augenfälliger Natur nachzuweisen.

Um Ihnen die Erscheinung selbst klar zu machen
habe ich hier einen großen Elektromagneten hergestellt; derselbe besteht aus zwei einander gegenüber-
gestellten, drahtumwickelten Eisenkernen, die in ihrer
Achse durchbohrt sind (Fig. 59). Ich lasse jetzt das
Licht meiner Bogenlampe der Länge nach durch beide
Eisenkerne hindurchtreten und dann durch eine Linse
auf dem weißen Schirm einen hellen Fleck erzeugen.
Es sind ferner zwei Nikolsche Prismen in den Gang

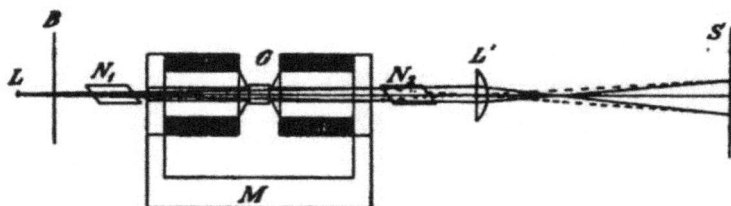

Fig. 59.
L Lichtquelle, B Blende, N₁ Nikol, M Magnet, G Glasklotz, N₂ Nikol,
L' Linse, S Schirm.

des Lichtstrahls eingeschaltet, der eine vor dem Eintritt des Lichtes in die Eisenkerne, der andere nach
Verlassen der Eisenkerne; durch gekreuzte Stellung
der Nikols wird der helle Fleck auf dem Schirm ausgelöscht. Wenn ich jetzt in dieser gekreuzten Stellung
der Nickols die Eisenkerne magnetisiere, indem ich
einen kräftigen elektrischen Strom durch die Windungen hindurchschicke, so ist zunächst noch keine
Veränderung zu beobachten. Bringe ich jedoch in
den Raum zwischen den Eisenkernen einen Klotz

schweren Flintglases und magnetisiere dann die Eisenkerne, so wird der vorher verdunkelte Fleck auf dem
Schirm wieder aufgehellt, und ich muß einen der
Nickols um einen gewissen Winkel drehen, um abermals Verdunkelung zu erhalten. Unterbreche ich den
Strom, so tritt wieder Aufhellung ein, die erst wieder
verschwindet, wenn der Nikol in die vorige Stellung
zurückgedreht ist. Bringe ich irgend eine andere
durchsichtige Substanz zwischen die Eisenkerne, ge-
wöhnliches Glas oder eine Flüssigkeit, so zeigt sich
stets dieselbe Erscheinung nur in verschiedenem Grade,
auch ist die Drehungsrichtung, in welcher der eine
Nikol bewegt werden muß, um Wiedererlöschen des
hellen Fleckes zu bewirken, bei den einen Substanzen
rechts herum, bei den anderen links herum. Bei allen
Substanzen zeigt sich ferner, daß die Größe des
Drehungswinkels der Länge des in der Substanz vom
Lichte durchlaufenen Weges proportional ist.

Nach dem uns aus den früheren Vorlesungen Be-
kannten ist das Licht bei der vorliegenden Anordnung
im Innern der Eisenkerne polarisiert, und die Not-
wendigkeit den einen Nikol um einen bestimmten
Winkel drehen zu müssen, um wieder Dunkelheit zu
erhalten, beweist uns, daß die Polarisationsebene des
Lichtes durch die magnetische Kraft gedreht wird.
Die Größe dieser Drehung hängt von der Natur der
Substanz ab, durch welche das Licht im magnetischen
Felde hindurch muß; wir werden also sagen müssen,

daß wir hier eine Einwirkung der magnetischen Kraft
auf die durchsichtigen Substanzen haben von der Art,
daß nunmehr die Polarisationsebene eines polarisierten
Lichtstrahles bei seinem Fortschreiten in ihnen schraubenförmig verdreht wird.

Dieser Versuch zeigt uns zweifellos die Einwirkung
einer magnetischen Kraft auf den Lichtstrahl, und
wenn wir den Lichtstrahl als eine elektrische Welle
ansehen, scheint uns eine Wechselwirkung zwischen
Licht und Magnetismus ja auch nicht merkwürdig,
vielmehr werden wir bei den mannigfachen Beziehungen
zwischen elektrischen und magnetischen Kräften irgend-
welche Einwirkung wohl zu erwarten haben. Es er-
wächst uns nun aber das Bedürfnis, auch zu übersehen, warum diese Einwirkung bei den Vorstellungen
zu denen wir bisher gelangt sind, gerade die hier beobachtete Gestalt annimmt. Um hierüber zu einigem
Aufschluß zu gelangen, erinnere ich daran, daß ich
bei der Beschreibung der Versuche mit elektrischen
Wellen stets sorgfältig bemüht gewesen bin, unsere
Vorstellungen nur soweit zu fixieren und in Worte
zu fassen, wie an den Versuchen wirklich beobachtet
werden konnte. Da wir die elektrischen Wellen nur
an unserem Empfänger beobachteten, und hier nur
festgestellt wurde, daß im Metall des Empfängers eine
Elektrizitätsbewegung entstand, so schlossen wir auf
das Vorhandensein elektrischer Kräfte überall dort,
wo der Empfänger sie nachweisen konnte. Wir fanden

danach die Verteilung und die Ausbreitung der elektrischen Kräfte im Raume genau so vor sich gehen, wie die Ausbreitung transversaler Wellen, das hieß dann in anderen Worten, die elektrischen Kräfte entsprechen überall genau der Größe und Richtung der Verschiebung, welche die Stoffteilchen eines elastischen Mediums durch die fortschreitenden Transversalwellen erhalten. Da wir nur in unserem Empfänger und überhaupt in Metallen das Auftreten elektrischer Ströme nachweisen konnten, waren wir auch nicht berechtigt weiteres auszusagen. Was in dem Zwischenraume, in der Luft oder in der Flüssigkeit, in welcher die Wellen fortschritten, vor sich ging, darüber hatten wir keinen Anhalt, ein Urteil zu bilden, und deswegen konnten und durften wir auch hier nur von den elektrischen Kräften sprechen.

Der jetzige Versuch zeigt uns nun aber einen Einfluß magnetischer Kraft auf die Wellen in diesem durchsichtigen und nichtleitenden Raume; da aber zwischen der magnetischen und elektrischen Kraft selbst keine direkte Einwirkung bekannt ist, sondern nur zwischen Magnetismus und elektrischen Strömen, so werden wir jetzt, durch diesen Versuch dahin geführt, auch in dem durchsichtigen Körper die Existenz elektrischer Ströme anzunehmen, und wir wollen daher versuchen, uns klar zu machen, in welcher Weise die magnetische Kraft auf elektrische Ströme wirken wird, welche im Innern des Glaskörpers unseres Versuches in Richtung und Stärke den elektrischen Kräften der Wellen des Lichtes entsprechen. Um mich recht anschaulich auszudrücken, wir kehren zur alten Vorstellung des Lichtes als Wellen in einer Flüssigkeit zurück, nur, daß die Flüssigkeit nicht mechanisch-elastischen Kräften gehorcht, sondern selbst Elektrizität ist, die durch die nachgewiesenen elektrischen Kräfte hin- und hergeschoben wird. Auf die so vorgestellten Hin- und Herschiebungen der Elektrizität soll nun die magnetische Kraft genau so wirken wie auf elektrische Ströme in Drähten.

Vergegenwärtigen wir uns zunächst die Wechselwirkung zwischen einem Magneten und einer Strombahn. Ich habe dazu einen leicht biegsamen Draht hier aus ziemlicher Höhe senkrecht und lose herunterhängen lassen und kann denselben von einem kräftigen Strom durchfließen lassen. Nähere ich dieser biegsamen Strombahn in horizontaler Richtung einen kleinen Elektromagneten, so sehen Sie, wie die Strombahn sich um den Magneten herumzulegen bestrebt ist. Ändere ich die Stromrichtung im Draht, so geht der Draht auf die andere Seite des Magneten.

Noch deutlicher wird die Einwirkung, wenn ich den Magneten vertikal halte, die Drahtleitung legt sich dann spiralig um den Magneten herum. Die Einwirkung zwischen magnetischer Kraft und einer biegsamen Strombahn können wir demnach in dem Satz aussprechen, daß die Strombahn sich um die Rich-

tung der magnetischen Kraft in einer Ebene senkrecht
zur magnetischen Kraft herumzubiegen sucht.

Versuchen wir diese Beziehung auf die elektrischen
Ströme anzuwenden, welche wir nach dem eben Ge-
sagten in den Lichtwellen annehmen wollten, so werden wir folgendermaßen schließen. Steht die Polarisationsebene des auffallenden Lichtes senkrecht, und
blicken wir in der Rich-
tung des Strahls, die ja bei
unserem Versuch mit der
Richtung der magnetischen
Kraft übereinstimmt, so wird
die Richtung des Stromes
an der Eintrittstelle des
Lichtes in das Glas in einem
Moment von unten nach
oben gerichtet sein. Diese
Bewegung der Elektrizität
sei in der Fig. 60 durch

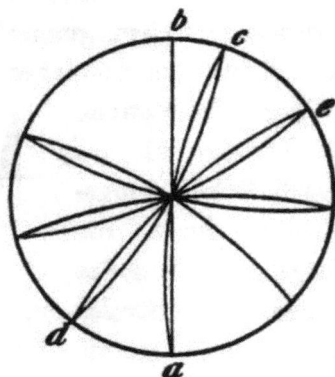

Fig. 60.

die Strecke a b angedeutet. Nun wirkt aber die magnetische Kraft, und dadurch kann die Strombahn nicht
gerade bleiben sondern wird gekrümmt etwa in die
Richtung a c. Es wechselt jetzt die Stromrichtung;
der entgegengesetzte Strom wird nach der andern
Seite gekrümmt und verläuft etwa in der Bahn c d,
dann folgt die Strombahn d e usw., wie die Figur andeutet. Die magnetische Kraft sucht also die Schwingungsrichtung um den Strahl als Achse zu drehen.

Dies würde das in der Richtung des Lichtstrahles
gesehene Bild der Schwingungen sein, wir haben jetzt
aber fortschreitende Wellen und müssen daher die
gezeichnete Figur noch in der Strahlrichtung in die
Länge gezogen denken. Dann erhalten wir aber von
der Seite gesehen das Bild der Figur 61. Es entspricht aber dieses Bild genau der graphischen Darstellung einer Transversalwelle mit schraubenförmig
gewundener Schwingungsebene. Um den Zusammenhang richtig zu verstehen, müssen wir beachten, daß
an der Eintrittstelle
des Lichtes in das
Glas die Schwingungs-
richtung durch die
Polarisationsebene des

Fig. 61.

ankommenden Strahls gegeben ist; diese Schwingungsrichtung selbst kann also nicht der drehenden Kraft
des Magnets frei folgen, sie bestimmt aber in dem
nächstbenachbarten Teil des Glases die Schwingungsrichtung. In diese Fortpflanzung der Schwingung
mischt sich aber die drehende Kraft des Magneten
ein, und so kommt es, daß je weiter wir im Glase
vorrücken, desto weiter die Schwingungsrichtung gegen
die ursprünglichen gedreht ist, genau so wie es unser
Versuch zeigt.

Diese Darstellung ist natürlich nicht eine wirkliche Erklärung für die Drehung der Polarisationsebene des Lichtes durch den Magneten, sondern es

ist nur eine Möglichkeit, sich auf Grund der durch
unsere früheren Beobachtungen gewonnenen Anschauungen eine Vorstellung von einem solchen Zusammenhang zu machen. Irgend eine solche Vorstellung
müssen wir uns stets zu bilden versuchen, damit wir
nun auf Grund derselben bestimmte Fragen stellen
können. Solche Fragen bieten sich aber sofort in
großer Fülle. Ich sagte schon, daß die Größe der
Drehung von der Art der durchsichtigen Substanz
abhängt. Rührt das nun davon her, daß die Strom-
stärken in den verschiedenen Substanzen bei gleicher
Lichtintensität sehr verschieden groß sind, oder daß
die Drehung der Stromrichtung verschiedenen Widerstand findet? Es muß also entweder eine Beziehung
zwischen der Drehung der Polarisationsebene und gewissen elektrischen Eigenschaften oder mechanisch-
elastischen Eigenschaften oder beiden zu erwarten sein.
Schwieriger ist es schon zu verstehen, wie die ange-
deutete Annahme in Einklang zu bringen ist mit der
Tatsache, daß in einigen Substanzen die Drehungsrichtung eine andere ist wie in anderen. Sollte die
Stromrichtung eine andere sein können wie die Richtung der elektrischen Kraft? Es würde dieses an den
Paramagnetismus und Diamagnetismus erinnern. Jedenfalls bleibt noch unendlich vieles zu fragen und durch
neue Beobachtungen aufzuklären, ehe man einigermaßen von einem klaren Verständnis dieses ganzen
Vorganges sprechen darf. Noch gar nicht berührt

ist dabei die Frage, wie weit die.Drehung der Polarisationsebene des Lichtes sich verfolgen läßt bis zu
den größeren Wellenlängen; ob sie eine Erscheinung
ist, die den elektrischen Wellen allgemein· zukommt,
oder ob sie gebunden ist an die Gebiete, wo die
molekularen Eigenschaften der Körper einzugreifen
beginnen und daher die einfachen Gesetze der elektrischen Wellen versagen.

Es ließe sich noch manche andere Tatsache erwähnen, die auf die feineren Beziehungen zwischen
Licht und Elektrizität hindeutet, doch es kann nicht
die Absicht dieser Vorlesungen sein, auch nur einigermaßen nach Vollständigkeit aller bekannten Erscheinungen dieses Gebietes zu streben, es konnte vielmehr
nur das Ziel gesteckt werden, einen kleinen Einblick
in den Entwickelungsgang der Physik zu gewähren,
der gegenwärtig dahin geführt hat, den vielen Beziehungen zwischen den optischen und elektrischen
Erscheinungen eine gesteigerte Aufmerksamkeit zuzuwenden. Es würde nicht wissenschaftlichem Geiste
entsprechen zu sagen, die Physik hat durch ihre neuesten Entdeckungen bewiesen, daß die Lichtstrahlen
elektrische Wellen sind, sondern wir müssen sagen,
aus der Annahme, daß Licht und elektrische Wellen
wesensgleicher Natur sind, schöpft gegenwärtig die
Wissenschaft einen großen Teil ihrer fruchtbarsten
Probleme, wie ihr ganz ähnlich vor einem halben
Jahrhundert die elastische Lichttheorie zu ähnlichem

Zwecke gedient hat. Allem Anscheine nach stellt die elektromagnetische Lichttheorie noch eine Reihe schöner Erfolge in Aussicht, aber wir dürfen deswegen doch nicht ganz übersehen, daß ebensogut auch wieder die Zeit kommen kann, wo die Widersprüche sich mehren, und wo man dadurch genötigt sein wird, wieder zu trennen zwischen einfachen elektrischen Vorgängen und denen, die im Reiche der Moleküle sich abspielen, und daß dann die Theorien beider Gebiete wieder ihre eigenen Wege gehen müssen.

www.ingramcontent.com/pod-product-compliance
Lightning Source LLC
Chambersburg PA
CBHW020832210326
41598CB00019B/1875